梁凤玲 /著

青岛出版社
QINGDAO PUBLISHING HOUSE

图书在版编目（CIP）数据

一口冰爽 / 梁凤玲著. -- 青岛：青岛出版社，
2021. 8

ISBN 978-7-5552-9795-6

Ⅰ. ①一… Ⅱ. ①梁… Ⅲ. ①冷冻食品 - 制作
Ⅳ. ①TS277

中国版本图书馆CIP数据核字（2021）第093208号

一口冰爽　　YI KOU BINGSHUANG

著　　者　梁凤玲
出版发行　青岛出版社
社　　址　青岛市海尔路182号（266061）
本社网址　http://www.qdpub.com
邮购电话　0532-68068091
责任编辑　贾华杰
特约编辑　刘　倩
装帧设计　毕晓郁
照　　排　青岛乐喜力科技发展有限公司
印　　刷　青岛海蓝印刷有限责任公司
出版日期　2021年8月第1版　2021年8月第1次印刷
开　　本　16开（710毫米 × 1010毫米）
印　　张　12.5
字　　数　250千
图　　数　661幅
书　　号　ISBN 978-7-5552-9795-6
定　　价　49.80元

编校印装质量、盗版监督服务电话　4006532017　0532-68068050

本书建议陈列类别：生活类　美食类

Preface 序言

文字是记录生活、记录人生的，图片是记录瞬间、记录此情此景的，

它们让人生留下了痕迹。

很高兴再次起航，

用一本书记录关于饮品、烘焙，记录关于你我的故事。

期待的是，

有那么一天，

我提着面粉和鸡蛋，你带着微笑开门，

我们边做蛋糕，边聊往事琐碎。

你还是原来的你，我还是原来的我，

如同昨日，初心未泯！

在 2007 年的某一天，我们的小家装修好了，从那天起，我开始了我的烘焙之路。

每天下班回家路上，我都会想着做什么菜。然后就开始想怎么利用烤箱的烘烤功能，接着上网查各种资料、买材料，回家后就开始做烘焙……我希望自制的烘焙食品可以为家人带来健康，带来幸福。

每到夏天，我们身边总离不开冰激凌、冰饮、冰点……我的食谱能帮你把自己动手制作冰品这一烦琐的事情简单化。另外，每个季节都有各自的时令水果，我的书中也介绍了一些通过熬煮果酱来保存水果的方法。利用这些果酱，我们就可以在夏季用任何季节的时令水果来制作冰点、冰饮、冰激凌了。希望通过这本书，我可以带给你们一些健康的快乐源泉。

梁凤玲（Candy）

注：书里的细砂糖可以用零卡糖代替，零卡糖零脂肪、零热量，更健康。

目录

Part① | 一口沦陷·网红冰品

① part：英语，（书的）章，篇，部。

Part 2 冰爽难挡·冰饮 

Part 3 元气满满 · 排毒水

Part 4 冰透齿颊 · 冰棍儿 & 冰激凌

Part 5 清爽甜蜜 · 冰点

Part 6 冰爽搭档 · 法式果酱

Part 1

一口沦陷 网红冰品

小编从书中的冰饮、排毒水、冰棍儿、冰激凌、冰点中各选择了几款人气颇高的冰品编成一章，希望您足不出户也可以享受到美味与颜值并存的网红冰品。

黑糖波波牛乳

（约 500 ml）

未经高度精炼的黑糖搭配新鲜的牛奶，这款牛乳茶营养又解馋！

主料

珍珠粉圆	50 g
黑糖	20 g
鲜牛奶	300 ml
冰块	适量
纯净水	20 ml

做法

1

2

3

4

1. 锅里盛入 500 ml 清水，煮沸后放入珍珠粉圆，搅拌，煮至粉圆浮起。
2. 盖上锅盖，用中小火煮 30 分钟后关火，闷 20 分钟。
3. 将珍珠粉圆捞起，沥干。
4. 煮好的珍珠粉圆倒入奶锅里，加入黑糖和纯净水，小火加热。
5. 不断搅拌，煮至黑糖溶化、浆汁变浓稠即可。
6. 杯中倒入黑糖珍珠糖浆，把杯子倾斜并转动，让糖浆挂在杯壁上，做成脏脏的效果。
7. 倒入鲜牛奶，放入冰块即可饮用。

TIPS

1. 用鲜牛奶制作，成品比较好喝。即使选购的是超市里冷藏保存的鲜牛奶，也是生产日期越近的越好。
2. 如果喜欢奶茶口味，可以用奶茶代替鲜牛奶。
3. 可以用红糖或者赤砂糖代替黑糖，成品只是在颜色和风味上有一点点区别。
4. 珍珠粉圆必须在水沸腾后放入锅中煮，闷的时候切勿打开锅盖。煮好的珍珠粉圆捞起后沥干即可，切勿用冷水冲洗。煮好的珍珠粉圆要在 3 小时内食用。

芋泥波波牛乳

（约 500 ml）

Q弹的黄金珍珠粉圆搭配绵密的芋泥，成品口感丰盈，香浓无穷。

主料

黄金珍珠粉圆	50 g
细砂糖	20 g
香芋	80 g
鲜牛奶	200 ml
冰块	适量

做法

1

锅里加入 500 ml 清水，煮沸后放入黄金珍珠粉圆，搅拌，煮至粉圆浮起，盖上锅盖，中小火煮 30 分钟后关火，闷 20 分钟。

2

将珍珠粉圆捞起，沥干，放入碗中，加入 15 g 细砂糖，搅拌均匀。

3

蒸熟的香芋放入另一碗中，加入 5 g 细砂糖和 25 ml 鲜牛奶，压烂搅匀，制成芋泥。

4

把芋泥放入杯里，在杯壁上抹一圈，使之挂杯。

5

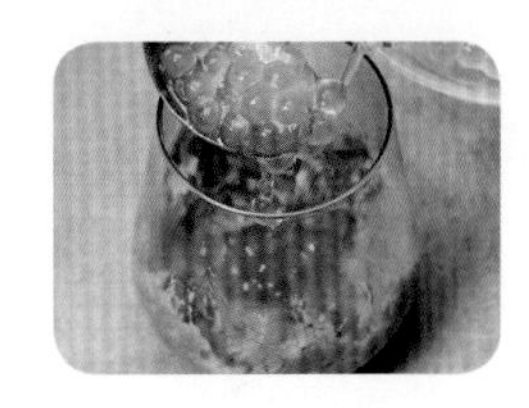

倒入步骤 2 的珍珠粉圆。

6

放入冰块，倒入剩余的鲜牛奶即可饮用。

TIPS

1. 用鲜牛奶制作，成品比较好喝。即使选购的是超市里冷藏保存的鲜牛奶，也是生产日期越近的越好。
2. 香芋蒸熟后要趁热压烂。如果喜欢顺滑没有颗粒的口感，可以把蒸熟的香芋和多一点儿的牛奶一起用料理机打匀，然后用不粘锅加热，蒸发部分水分。
3. 书中所有使用香芋的冰品都可以加一点儿紫薯粉调色。

新鲜的水蜜桃邂逅清香绿茶，又有绵密奶油萦绕其间，一口满足。

芝芝桃桃

（约 500 ml）

主料

水蜜桃肉	200 g
绿茶茶包	1 个
冰块	120 g
糖水	30 ml
柠檬汁	15 ml
热水	120 ml
淡奶油	80 g
奶油奶酪	30 g
牛奶	30 ml
细砂糖	15 g
海盐	1 g

TIPS

1. 水蜜桃果肉可以提前放入冰箱中冷冻 2 小时。
2. 芝士奶盖是时下流行的一款饮品装饰，如果喜欢浓郁的芝士味道，奶油奶酪可以适当地增加用量。
3. 糖水（30 ml）是将 15 g 细砂糖加入 15 ml 热水中，搅拌至细砂糖溶化制成的。本书中的糖水皆可参照此方法制作。
4. 书中会涉及的淡奶油和蛋白的打发状态大致如下：打至六分发、七分发的淡奶油和蛋白呈稀酸奶状，打至六分发的更稀一些。淡奶油和蛋白打至八分发时，提起打蛋头，可以拉出长弯尖。淡奶油和蛋白打发至九分发时，提起打蛋头，可以拉出小短尖。

做法

1

绿茶茶包放入杯中，加入热水，泡 2 分钟。

2

水蜜桃肉、步骤 1 泡好的绿茶、冰块、糖水、柠檬汁放入料理机里打匀成水蜜桃沙冰，倒入杯子里。

3

淡奶油和奶油奶酪、细砂糖、海盐一起打至七分发后加入牛奶，搅拌均匀，成为芝士奶盖。

4

将芝士奶盖倒在水蜜桃沙冰上即可。

青柠莫吉托

（约 500 ml）

莫吉托（Mojito）是最著名的朗姆调酒之一，起源于古巴。传统的莫吉托是由五种材料制成的鸡尾酒，这五种材料是淡朗姆酒、糖水（用甘蔗汁调成）、酸橙（青柠）汁、苏打水和薄荷。本书中我设计的莫吉托都去掉了含有酒精的材料，成为大众皆可接受的夏日清爽饮品。

主料

薄荷叶	12 片
青柠	1 个
糖水	45 ml
冰块	220 g
苏打水	200 ml

做法

1

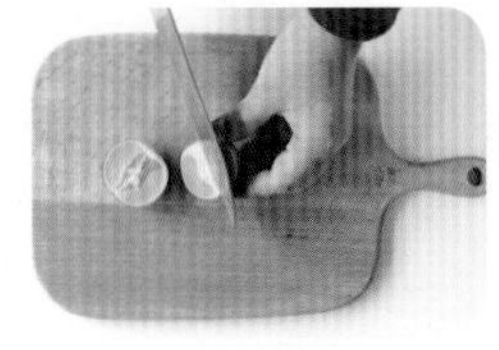

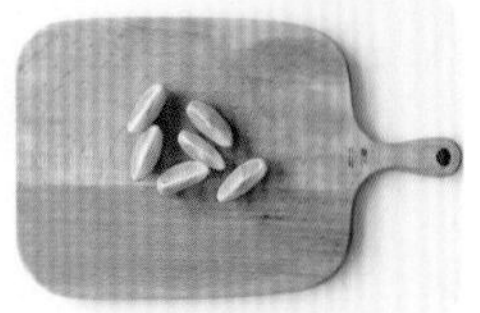

苏打水冷藏备用。青柠纵向切成 6 等份。

2

将薄荷叶及青柠块在碗中捣烂，放入杯中。

3

加入糖水和冰块。

4

加入冷藏后的苏打水，搅拌均匀即可饮用。

TIPS

1. 青柠和薄荷搭配，清爽宜人，很适合夏日饮用。
2. 苏打水应选用无糖的。如果选用的是含糖苏打水，糖水的用量要适当减少。
3. 冰块的用量可根据杯子的大小调整，通常先用冰块填满杯子，然后倒入苏打水。

杂莓活力水

（约 1500 ml）

多种莓果带来满满活力，爱吃莓果的朋友有口福了。

主料

草莓片	100g
蓝莓	150g
覆盆子	70g
香草豆荚	1/2 根
纯净水（冷）	1000ml

做法

1

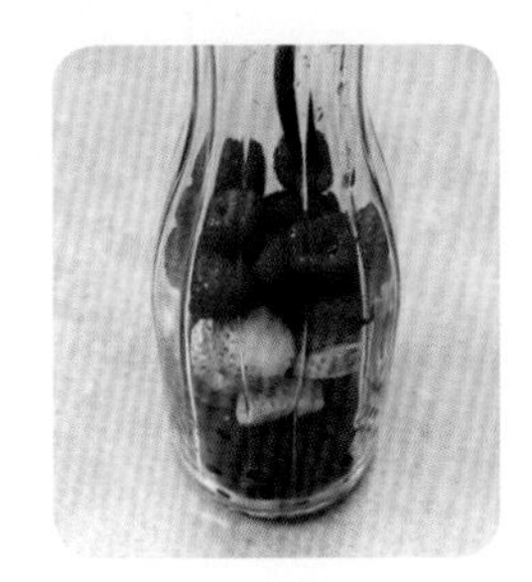

将蓝莓、草莓片、覆盆子、香草豆荚放入瓶里。

2

注入冷水后放入冰箱中冷藏 2 ~ 8 小时即可。

TIPS

蓝莓有改善视力、增强免疫力的功效，搭配草莓、覆盆子组合成的活力水带有酸酸甜甜的莓果香。

渐变青柠水

（约 500 ml）

不说别的，这款饮品的颜值已让我沦陷。

主料

蓝蝴蝶花	0.5 g
热水	350 ml
青柠	适量
糖水	30 ml
冰块	适量

TIPS

蓝蝴蝶花中含有天然花青素成分，泡出来的水是蓝色的，而在柠檬汁的作用下，水会呈现出紫色。如果想要达到渐变效果，则要将柠檬汁缓慢地加入，并将瓶子轻轻摇动几下。

做法

1

将蓝蝴蝶花放入杯中，加入热水，泡 10 分钟。

2

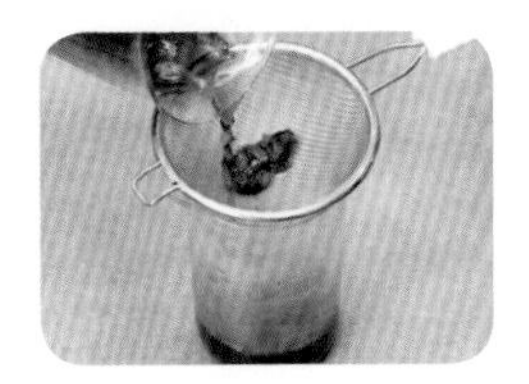

过滤花茶。

3

将花茶倒入瓶中，加入糖水，搅拌均匀。

4

加入冰块。

5

取 1 个青柠榨汁，将青柠汁加入瓶中，搅拌均匀。再点缀上 1/4 个青柠即可。

西柚沙冰

（约 450 ml）

咯吱咯吱地品尝着西柚沙冰，又凉爽，又得到了满满的维生素C。

主料

西柚	100 g
酸奶	100 g
香蕉	1/2 根
冰块	200 g

装饰材料

奶油	适量
糖珠	少许

做法

1

将全部主料倒入搅拌机里，搅打均匀。

2

将搅打好的材料倒入杯里，挤上奶油，撒上糖珠装饰。

TIPS

1. 西柚要去除白色衬皮，若带衬皮榨汁，会让果汁苦涩。
2. 西柚含有丰富的维生素 C，有助于提高免疫力。

奥利奥星冰乐

（约450ml）

在家DIY星巴克的招牌饮品，热爱奥利奥的人真是太开心了。这款饮品夏日里用来招待朋友再适合不过了！

主料

奥利奥饼干碎	65 g
太妃炼乳	35 ml
牛奶	120 ml
冰品奶基底	10 g
冰块	200 g

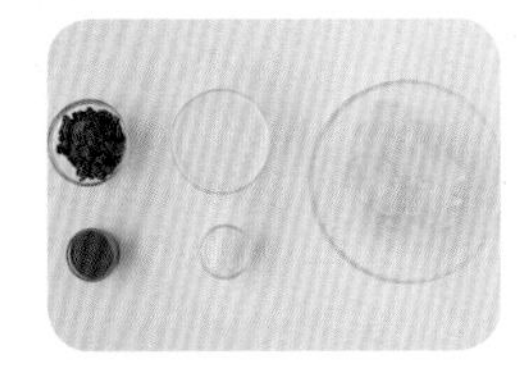

装饰材料

打至六分发的淡奶油	100 g
巧克力饼干棒	2 根
果仁碎	少许

TIPS

1. 冰品奶基底是制作饮品和冰激凌的专用粉，如果没有，可以用奶粉代替。
2. 太妃炼乳可以用巧克力酱或自制的焦糖酱代替。
3. 这款饮品介于沙冰和奶昔之间，可用勺子把奶油和沙冰搅匀，混在一起吃，味道特别好。

做法

1

奥利奥饼干碎、太妃炼乳、牛奶、冰品奶基底、冰块放进搅拌机，搅打均匀。

2

倒入杯里，冷冻备用。

3

打至六分发的淡奶油中加入 10 ml 太妃炼乳，再次打发后放入裱花袋中。

4

在杯口挤一圈步骤 3 的太妃奶油装饰，插上巧克力饼干棒，再撒上少许果仁碎，即可享用。

杨枝甘露

（2 杯）

西米、椰浆、西柚、杧果、淡奶……这款超红经典港式饮品真是太令人惊艳了！

主料

西米	15 g
椰浆	120 g
淡奶	80 g
细砂糖	15 g
西柚果粒	25 g
杧果蓉	200 g
杧果丁	100 g

TIPS

1. 用中小火煮 10 分钟后关火，再闷 10 分钟，这样西米就不会有白芯。
2. 煮好的西米和椰浆、细砂糖一起小火加热至细砂糖溶化即可，如果温度过高，需要冷却后再加入淡奶。
3. 注意：淡奶是一种港式奶茶常用的奶制品，跟淡奶油和牛奶不一样。

做法

1

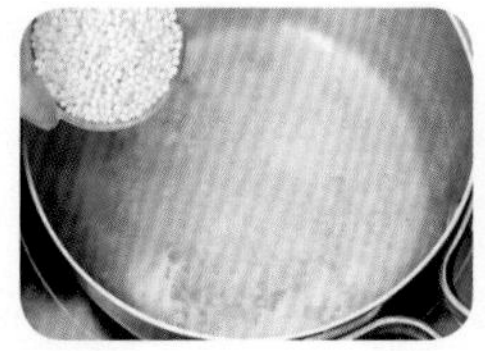

奶锅中加入适量清水烧开，加入西米煮 10 分钟，关火。闷 10 分钟后将西米捞出，沥干水。

2

另取一干净的奶锅，倒入煮好的西米，加入细砂糖、椰浆，小火加热，煮至细砂糖溶化即可关火。

3

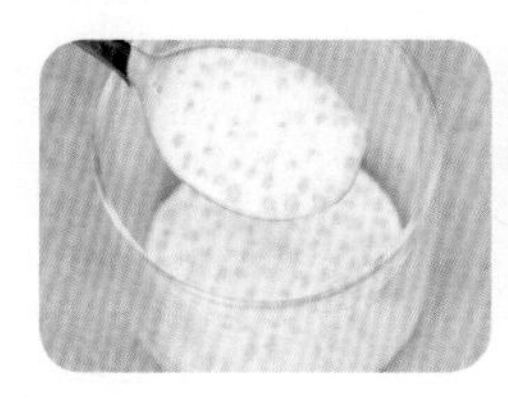

将步骤 2 的材料盛入杯里，加入淡奶。

4

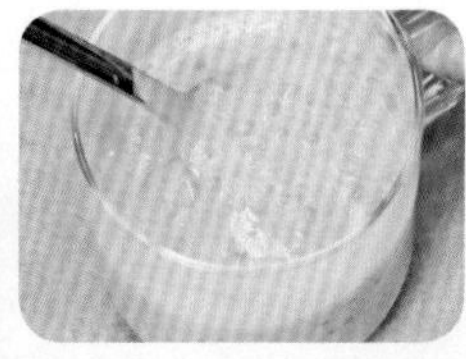

加入杧果蓉，搅拌均匀。

5

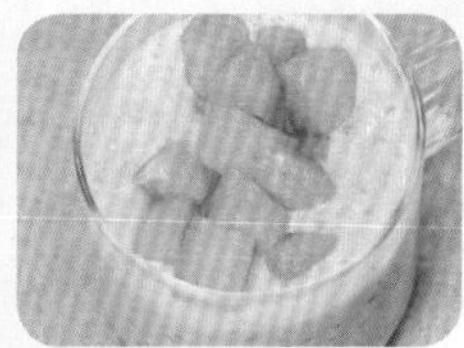

加入西柚果粒、杧果丁即可。

脏脏草莓布丁

（2杯）

最近在流行脏脏蛋糕、脏脏饮品等，我们可以用各式各样的果酱抹杯壁，形成脏脏的效果。

主料

细砂糖	40 g
牛奶	100 ml
淡奶油	180 g
吉利丁片	7.5 g
朗姆酒	5 ml
打发好的奶油、草莓、蓝莓丁、薄荷叶	各适量

做法

1

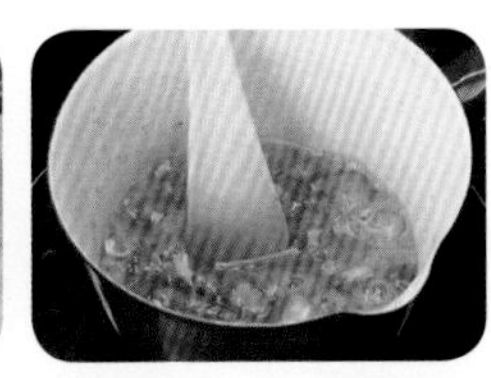

2

3

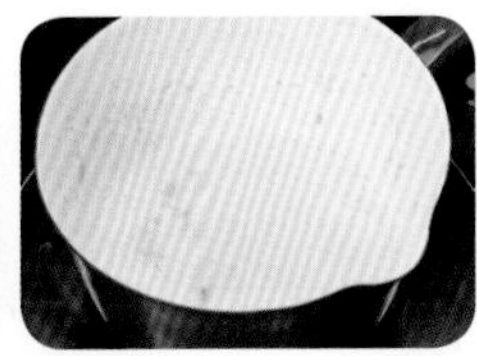

4

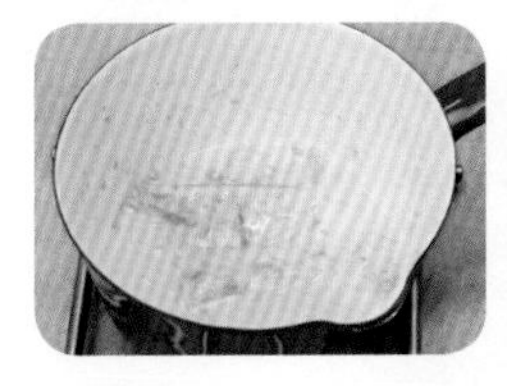

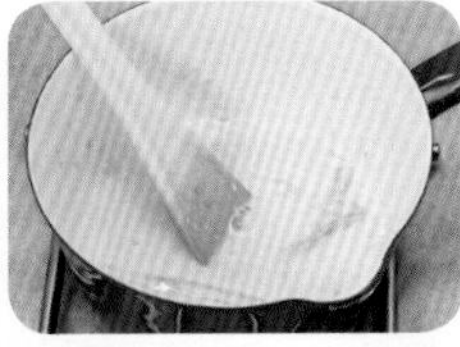

5

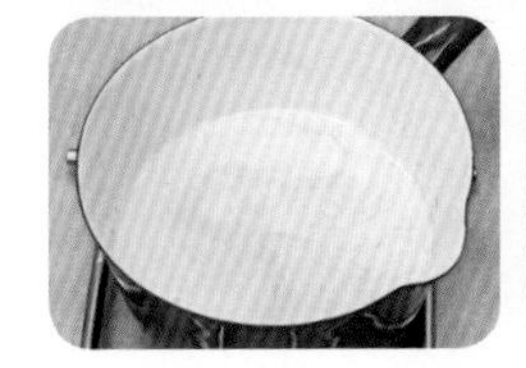

6

7

8

1. 将 120 g 草莓切成丁。将细砂糖和 80 g 草莓丁一起放入奶锅里，小火加热至浓稠，成草莓酱。
2. 草莓酱放凉后，取适量抹在杯壁上。
3. 将牛奶加入剩下的草莓酱里，小火加热至 45 ℃，搅拌均匀，制成草莓牛奶。
4. 吉利丁片用冰水泡软后沥干，加入温热的草莓牛奶里，搅拌至溶化。
5. 加入淡奶油，搅拌均匀。
6. 加入朗姆酒，搅拌均匀。
7. 将一半步骤 6 的液体倒入抹了果酱的杯里，加入剩余的草莓丁，再倒入剩下的液体放入冰箱中冷藏 4 小时以上。
8. 将凝固的布丁取出，挤上打发好的奶油，放上草莓块（将两个草莓分别四等分）、蓝莓丁和薄荷叶装饰。

豆乳盒子蛋糕

（2盒）

豆乳盒子蛋糕是爆款网红蛋糕，不仅口感细腻，而且营养丰富。

戚风蛋糕材料

鸡蛋	3 个
色拉油	30 ml
牛奶	50 ml
细砂糖	45 g
低筋面粉	50 g

豆乳酱材料

蛋黄	2 个
细砂糖	40 g
低筋面粉	18 g
豆浆	200 ml
无盐黄油	15 g
奶油奶酪	100 g

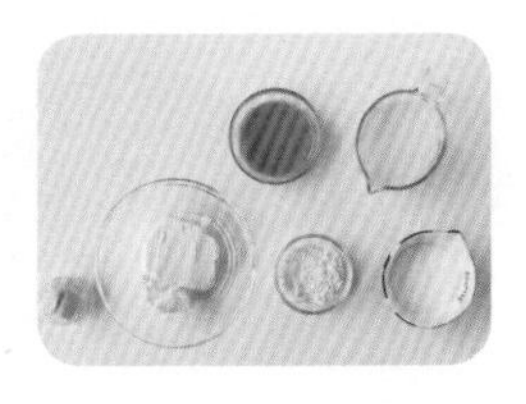

装饰材料

淡奶油	150 g
细砂糖	12 g
熟黄豆粉	50 g

制作戚风蛋糕

1

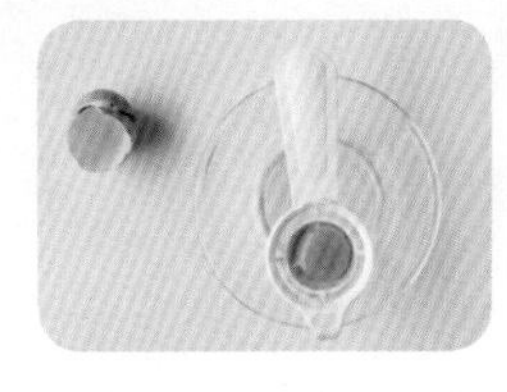

将鸡蛋的蛋白和蛋黄分离，蛋白冷冻备用。

2

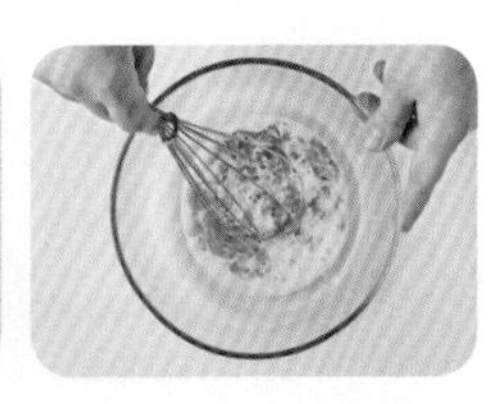

蛋黄中加入 15 g 细砂糖和牛奶、色拉油，搅打至细砂糖全部化开。

3

筛入低筋面粉，混合均匀，制成蛋黄糊。

4

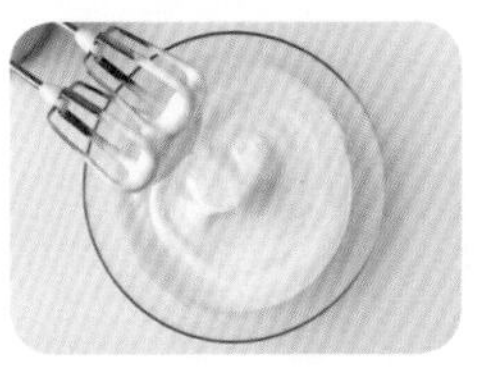

取出冷冻好的蛋白，分 3 次加入剩余的细砂糖，用电动打蛋器打至八分发，制成蛋白霜。

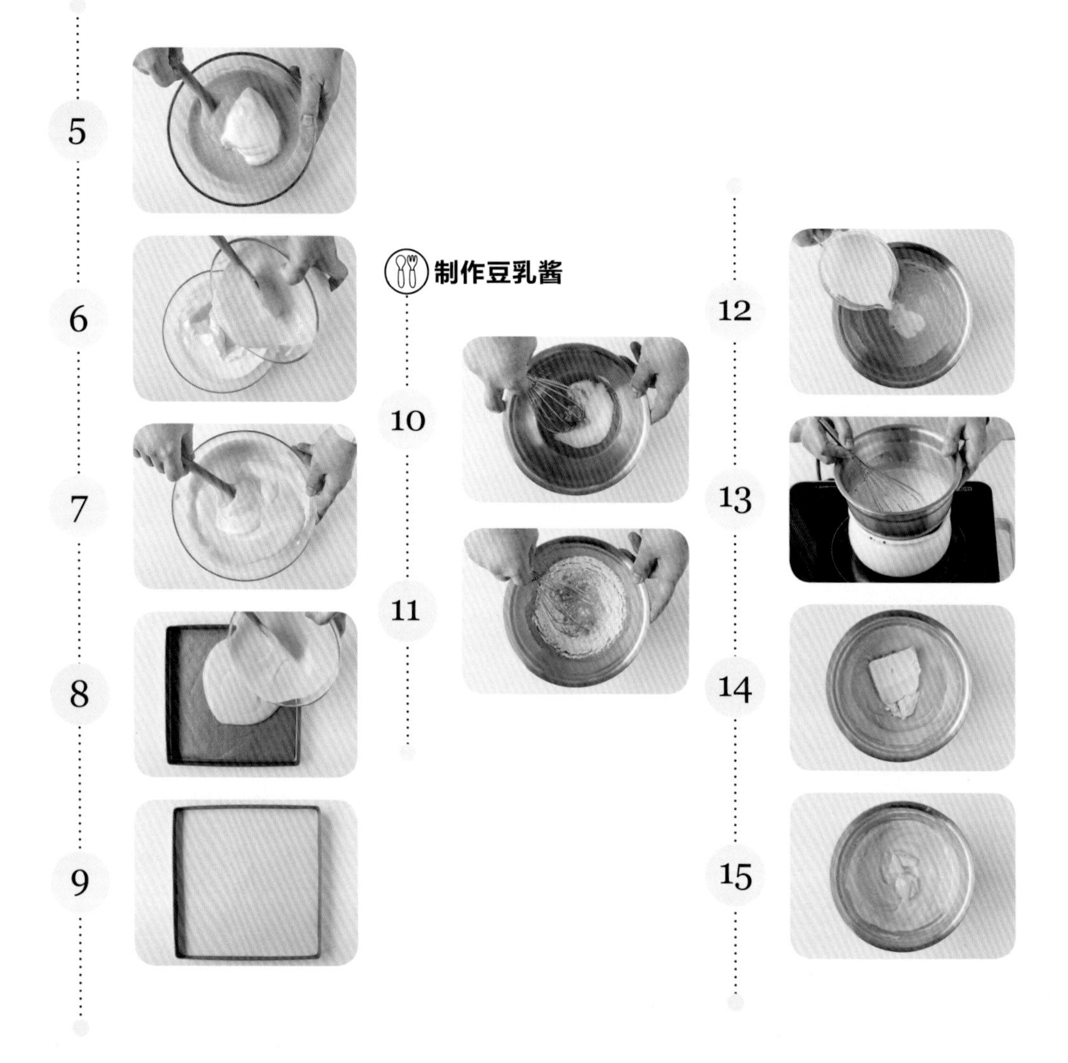

5. 用刮刀取 1/3 打发好的蛋白霜加入蛋黄糊中，翻拌均匀。

6. 再次取 1/3 打发好的蛋白霜加入蛋黄糊中，翻拌均匀后，倒入剩余的蛋白霜中。

7. 翻拌成细致均匀的戚风蛋糕面糊。

8. 倒入铺好蛋糕脱模垫或者耐高温烘焙油布的烤盘里。

9. 将烤盘震两下，放入预热好的烤箱中层，用 160 ℃上下火烘烤 25 分钟。

10. 蛋黄中加入细砂糖，用手动打蛋器搅打至细砂糖化开。

11. 筛入低筋面粉，搅拌均匀。

12. 慢慢加入豆浆，搅拌均匀，制成蛋黄糊。

13. 边隔水加热边搅拌，将蛋黄糊加热至浓稠即可。

14. 趁温热加入奶油奶酪，搅拌均匀。

15. 加入无盐黄油，搅拌均匀，制成豆乳酱装入裱花袋中，备用。

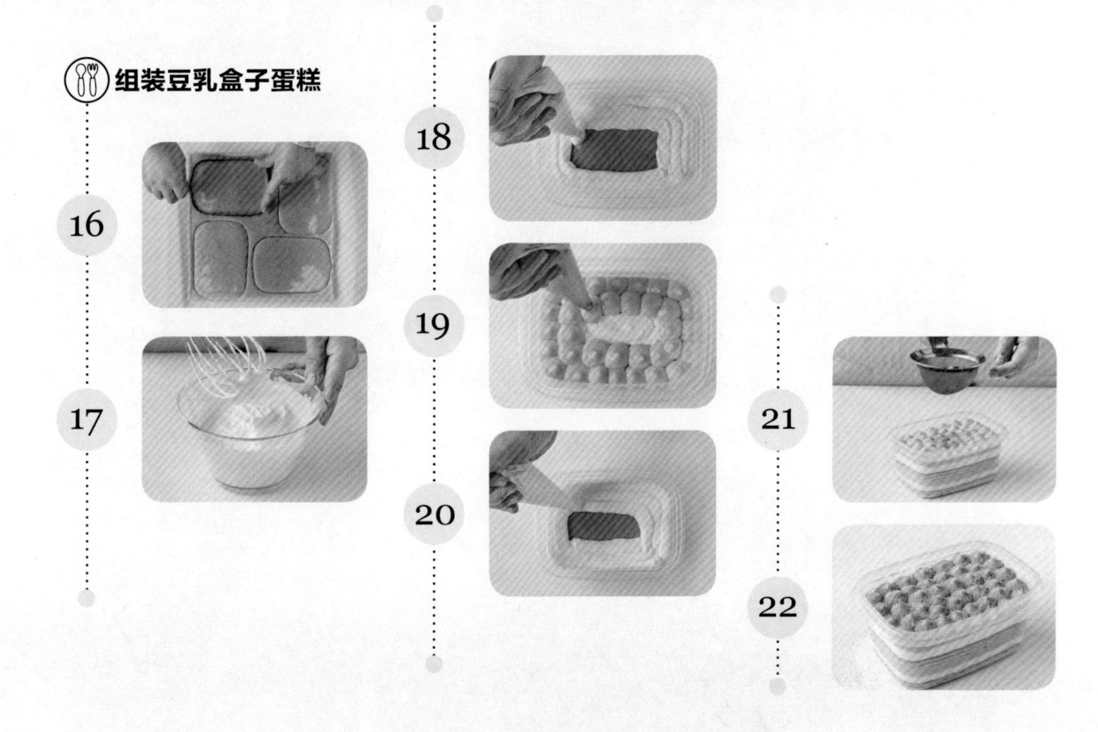

16. 将烤好的戚风蛋糕用千层蛋糕圈切成 4 片。
17. 淡奶油中加入细砂糖，完全打发。
18. 盒子里放入一片蛋糕，挤一层打发好的淡奶油。
19. 淡奶油上用裱花袋挤满圆形的豆乳酱。
20. 豆乳酱上放一片蛋糕，挤一层打发好的淡奶油。
21. 用裱花袋在淡奶油上再挤满一层圆形的豆乳酱，筛上熟黄豆粉。
22. 按照步骤 18 ~ 21 的方法做好另外一盒豆乳盒子蛋糕。将蛋糕密封冷藏 4 小时后食用。

TIPS

1. 做这款豆乳盒子蛋糕所用的戚风蛋糕时，蛋白只需要打到八分发，这样做出的蛋糕口感才绵软。
2. 做豆乳酱时，隔水加热的火候很关键，否则酱太稠影响口感，太稀会有生粉味。
3. 我用的豆浆是无糖的，如果使用含糖豆浆，配方中的细砂糖就要适当减少用量。

抹茶毛巾卷

（8寸）

又一款网红蛋糕卷诞生了！在炎热的夏季，黏糯的红豆搭配清香的抹茶，能给你带来夏日中的一抹清凉。

主料

鸡蛋	3个
细砂糖	65g
牛奶	300ml
低筋面粉	90g
抹茶粉	适量
无盐黄油	30g
淡奶油	200g
蜜红豆	50g

做法

1

将100ml牛奶倒入碗中，加入15g抹茶粉，搅打至没有颗粒。

2

无盐黄油隔水化开，加入细砂糖，倒入抹茶牛奶，搅拌均匀。

3

鸡蛋打散，倒入步骤2的材料中，搅拌均匀。

4

筛入低筋面粉，搅拌均匀。

5

加入剩下的牛奶，搅拌均匀。

6

过筛，备用。

7

舀1勺面糊放入8寸圆形不粘平底锅中，转动平底锅，让面糊均匀分布在锅底。

8

9

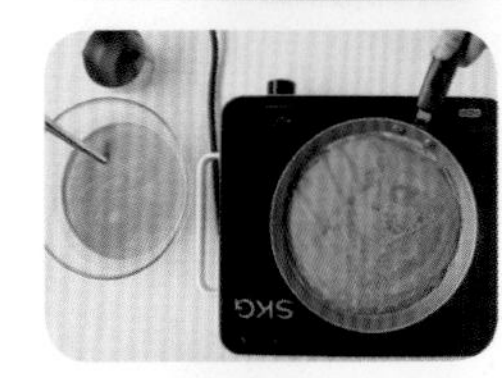

10

11

12

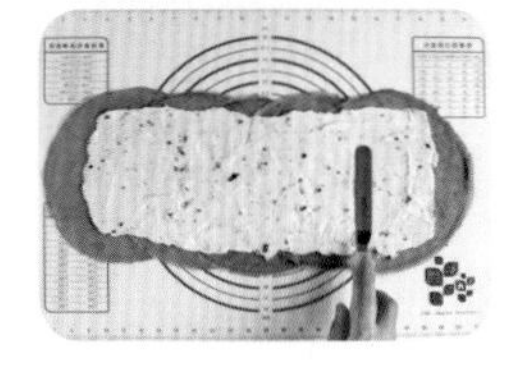

13

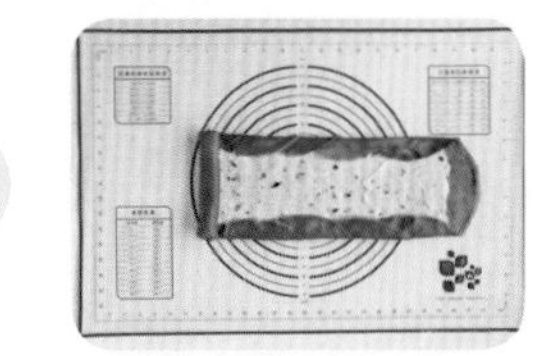

14

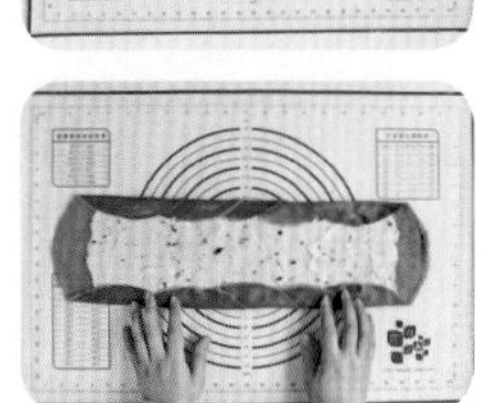

15

16

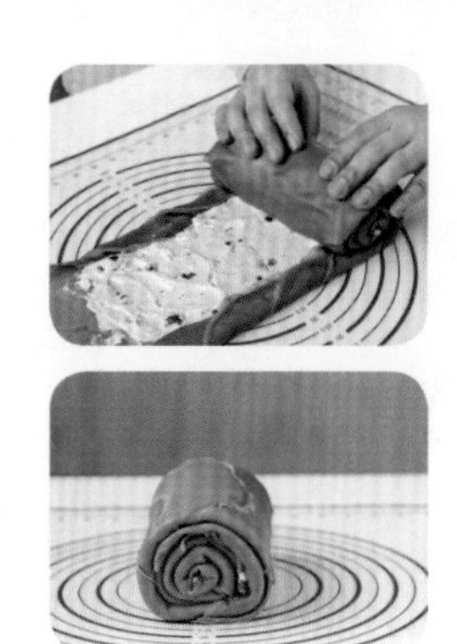

8. 小火烙 1 分钟，待面饼表面鼓起小包的时候就可以出锅了。
9. 重复步骤 7 ~ 8，将面饼全部烙好，盖上保鲜膜，以防面饼风干。
10. 淡奶油中加入蜜红豆，打至九分发。
11. 在硅胶垫上一张压一张地铺上 5 张面饼，抹上打发的蜜红豆奶油。
12. 将奶油抹满 5 张面饼（边上尽量不要抹）。
13. 将没有奶油的长边往里折，再将面饼从左往右卷起来。
14. 再取 5 张面饼，重复步骤 11 ~ 12，并将长边往里折好。
15. 把步骤 13 卷好的蛋糕卷放在步骤 14 面饼的一端，卷起。
16. 卷好后，放入冰箱中冷冻 30 分钟。取出抹茶毛巾卷，筛上少许抹茶粉。

TIPS

1. 烙面饼时要选用平底不粘锅，用小火烙。
2. 面饼烙至鼓起小包的时候就熟了，不宜烙得时间过长，否则面饼会偏干，影响口感。
3. 淡奶油要打至九分发。奶油打硬一点儿，毛巾卷的形状才会比较好看。去掉配方里的蜜红豆，加入 20 g 细砂糖打发淡奶油，就是原味的奶油。
4. 需将毛巾卷冷冻后再撒抹茶粉装饰，以避免受潮。
5. 如果喜欢层次多的毛巾卷，可以用 6 ~ 7 张面饼，但不建议使用 7 张以上。
6. 抹茶粉换成可可粉或低筋面粉，毛巾卷就变成可可味或原味的。

混合口味冰棍儿

西瓜、菠萝、鹦鹉、椰树，这四款冰棍儿童趣满满！

菠萝冰棍儿

（1支）

主料

杧果块	80g
百香果瓤	15g
奇异果块	20g

TIPS

1. 这个食谱中的奇异果用量比较少，所以用水果捣棒将其压烂即可。如果用量较多，则可以用料理机将其打烂。
2. 杧果本身甜甜的，所以配方中没有糖。如果觉得不够甜，可以添加10～15g细砂糖一起打匀。

做法

1

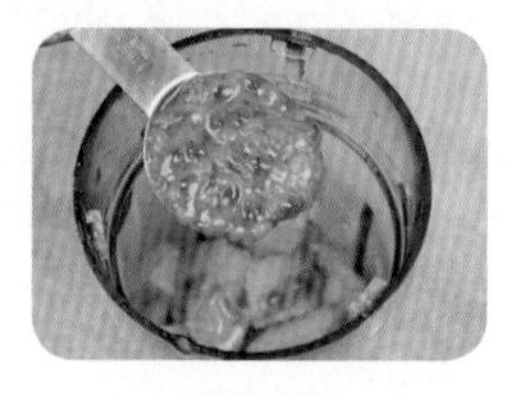

杧果块和百香果瓤放入料理机里，打匀。

2

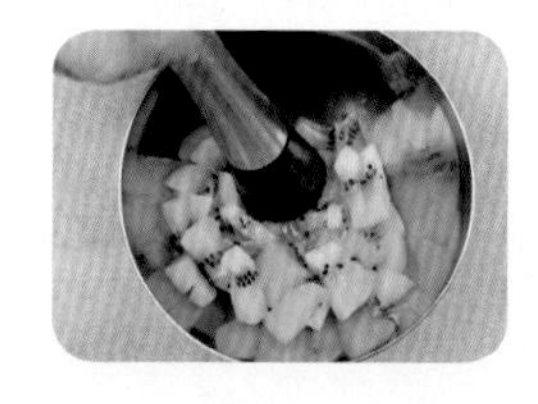

奇异果块放入碗里，用水果捣棒压烂。

3

在模具中插入冰糕棍。

4

在菠萝模具的果实部分填入杧果百香果汁，叶子部分填入奇异果汁，放入冰箱中冷冻一晚后将冰棍儿脱模。

西瓜冰棍儿

（3支）

主料

西瓜	220g
奇异果汁	40g
黑巧克力	少许

TIPS

1. 可以将填好奇异果汁和黑巧克力的模具先放入冰箱中冷冻 20 分钟，再倒入西瓜汁。
2. 可以将西瓜换成红色的火龙果。

做法

1

西瓜用料理机榨汁。

2

将奇异果汁倒入西瓜模具的瓜皮部分，在瓜瓤部分先放入几粒黑巧克力，再倒入西瓜汁。

3

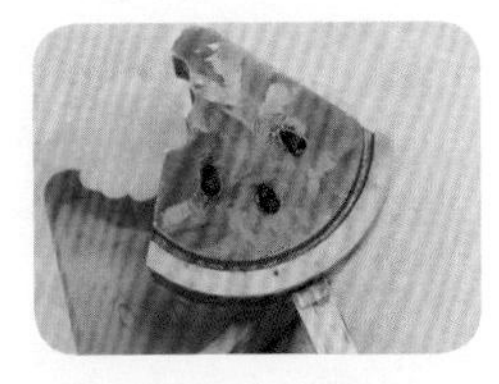

放入冰箱中冷冻一晚，将冰棍儿取出脱模。

椰树冰棍儿 & 鹦鹉冰棍儿

（各 1 支）

主料

巧克力牛奶	20 ml
奇异果汁	70 g
杧果百香果汁	70 g
草莓牛奶	20 ml
杏仁牛奶	20 ml

做法

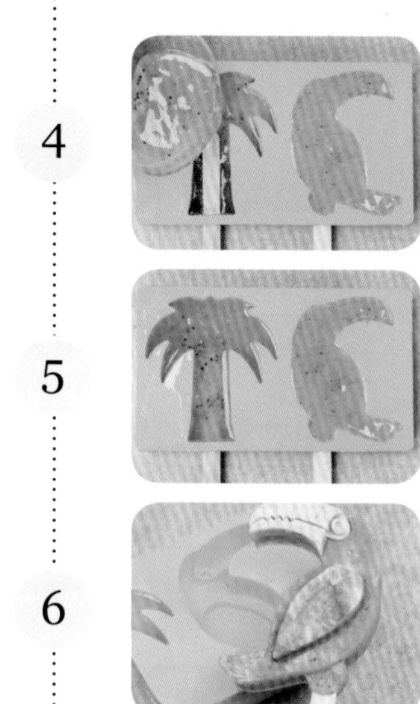

1. 在椰树模具的树干部分填入薄薄的一层巧克力牛奶，树叶部分填入薄薄的一层奇异果汁。在鹦鹉模具的嘴巴部分填入杏仁牛奶，翅膀部分填入草莓牛奶。将整个模具放入冰箱中冷冻 20 分钟。
2. 取出模具，插入冰糕棍。
3. 将杧果百香果汁倒入鹦鹉模具里。
4. 将奇异果汁倒入椰树模具里。
5. 放入冰箱中冷冻一晚。
6. 将冰棍儿取出脱模。

TIPS

1. 填不同颜色的材料，必须第一种颜色的材料冷冻变硬后再填入另外一种颜色的。
2. 巧克力牛奶可以用 1.5 g 可可粉加 20 ml 牛奶搅匀调制，喜欢颜色深的可以加一点可可粉。

Part 2

冰爽难挡
冰饮

草莓豆乳思慕雪

（约 500 ml）

豆腐带来浓浓豆香，让这款思慕雪别有一番滋味。

主料

香草冰激凌（做法见p.130） 100 g
豆腐 100 g
冰块 200 g
草莓酱 80 g

装饰材料

蝴蝶结巧克力 适量
冰激凌球 50 g

TIPS

1. 应选用内酯豆腐，其含有丰富的蛋白质，用其制作成的饮品有淡淡的豆乳清香。
2. 可以用蓝莓酱代替草莓酱，味道也很不错。

做法

取 20 g 草莓酱放入杯底，抹一下杯壁。

2

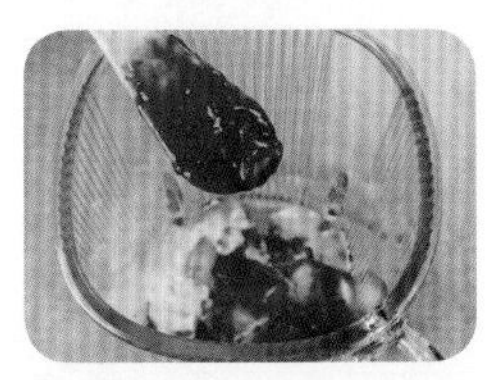

将香草冰激凌、豆腐、冰块和剩下的草莓酱放入料理机里打匀。

3

将打好的材料倒入杯子里。

4

放上冰激凌球和蝴蝶结巧克力装饰。

火龙果思慕雪

（约 350 ml）

这款思慕雪的主角是清甜的火龙果，加上它，饮品酸度降低，奶香味突显，相信你一定会喜欢！

主料

火龙果	适量
酸奶	100 g

装饰材料

薄荷叶	少许

做法

1. 用挖球勺挖出 7 块球形的火龙果肉（共约 50 g）。

2. 另取 200 g 火龙果肉放入冰箱中冷冻 1 小时，然后和酸奶一起倒入搅拌机里，搅匀。

3. 将火龙果酸奶倒入杯中，放上火龙果球、薄荷叶装饰。

红心火龙果奶昔

（约500ml）

这款奶昔主要是将水果、冰激凌、牛奶、冰块等用料理机打成沙冰状制成的，是有着浓郁奶香的升级版沙冰。

主料

香草冰激凌（做法见 p.130） 200 g
牛奶 100 ml
红心火龙果肉 100 g

装饰材料

白巧克力 30 g
糖珠 适量
打发好的淡奶油 150 g

做法

1
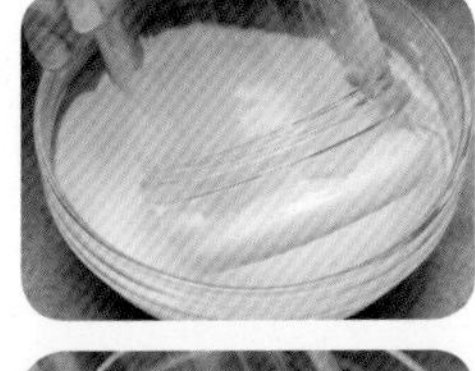

化开白巧克力，在杯口粘满白巧克力酱，再在尚未凝固的白巧克力酱上沾满糖珠装饰。

2

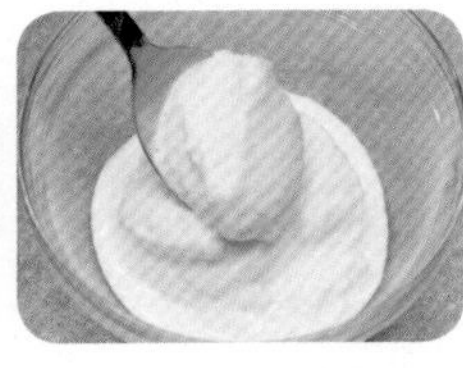
将香草冰激凌和牛奶一起放入料理机里打匀，倒出一半分量备用。

3

搅拌机里加入 25 g 红心火龙果肉，和剩下的一半分量的冰激凌奶昔一起搅打均匀。

4

剩下的红心火龙果肉切成块，放入杯子里，倒入火龙果奶昔到杯身一半的位置。

5

加入备用的香草冰激凌奶昔。

6

杯口挤上一圈打发好的淡奶油装饰即可。

杧果、凤梨、碎冰和香草味的冰激凌交织，令人沉醉！

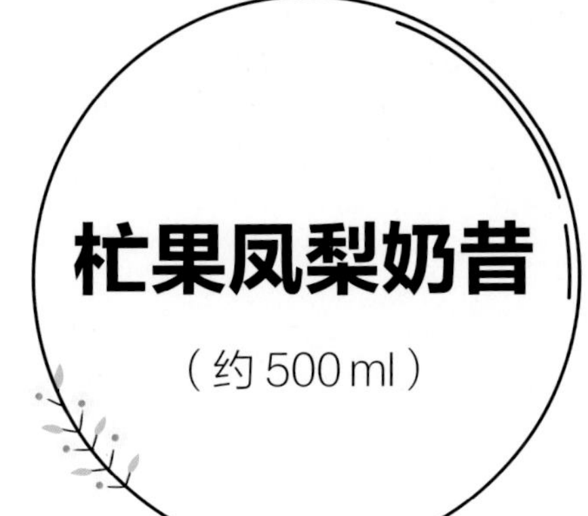

杧果凤梨奶昔

（约 500 ml）

主料

香草冰激凌（做法见p.130）	100 g
杧果块	50 g
凤梨块	100 g
冰块	150 g

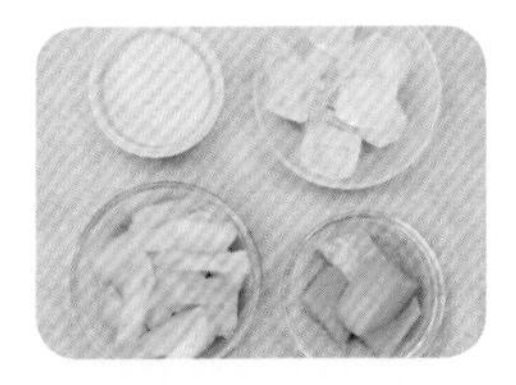

装饰材料

奶油	适量
杧果丁	适量

做法

1

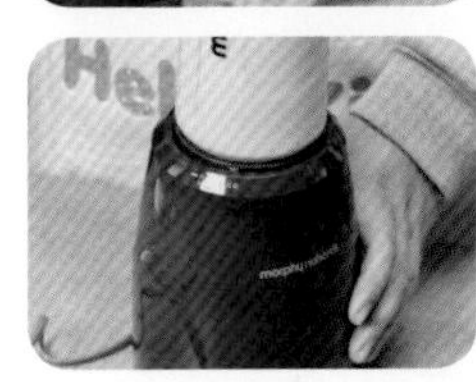

全部主料放进料理机里打成沙冰状，即为杧果凤梨奶昔。

2

将杧果凤梨奶昔装入杯里，挤上奶油，撒上杧果丁即可。

椰香红豆黑米牛乳

（500 ml）

这是一款可以细细咀嚼的饮品。

主料

黑米	30 g
椰浆	80 ml
细砂糖	15 g
蜜红豆	20 g
鲜牛奶	120 ml

TIPS

1. 黑米泡 4 小时以上更容易煮熟。
2. 蜜红豆换成珍珠粉圆也很好喝哟!

做法

1

黑米用适量清水浸泡 4 小时以上。

2

锅中加入适量清水，倒入泡好的黑米，煮沸后转中小火煮至黑米变软糯。

3

加入细砂糖和椰浆，小火加热至细砂糖溶化即制成椰浆黑米。

4

杯底加入蜜红豆，倒入椰浆黑米。

5

倒入鲜牛奶，搅拌均匀即可饮用。

紫薯牛乳

（约 500 ml）

Hello Kitty 甜甜圈让人萌化了！

主料

蒸熟的紫薯	150 g
牛奶	150 ml
冰块	100 g
糖水	30 ml
柠檬汁	15 ml

装饰材料

芝士奶盖（做法见 p.7 步骤 3）	适量
Hello Kitty 形状的香草柠檬甜甜圈	1 个
白巧克力酱	适量
红色巧克力	适量

做法

1

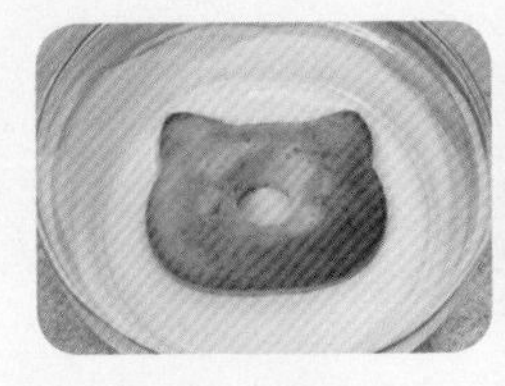

给 Hello Kitty 形状的香草柠檬甜甜圈裹上白巧克力酱，放烤网上让白巧克力酱凝固。

2

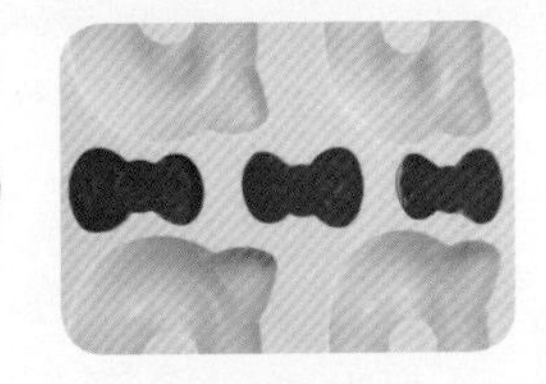

融化红色巧克力，将其填满蝴蝶结硅胶模，制作成巧克力蝴蝶结。

3

将凝固的巧克力蝴蝶结粘在步骤 1 的甜甜圈上。

4

将全部主料一起放入料理机里，打匀。

5

将步骤 4 的紫薯牛乳倒入杯子里，在其顶部淋上芝士奶盖，放上步骤 3 的 Hello Kitty 形状的巧克力蛋糕装饰即可。

TIPS

1. 给 Hello Kitty 形状的巧克力蛋糕插上棒棒糖棍，可以将其固定在饮品里装饰。
2. 添加柠檬汁可以防止紫薯氧化变色，不能不放柠檬汁哟!

抹茶拿铁

（约 500 ml）

手打抹茶也是一种新的体验！

主料

抹茶粉	3 g
糖水	30 ml
牛奶	300 ml
冰块	150 g

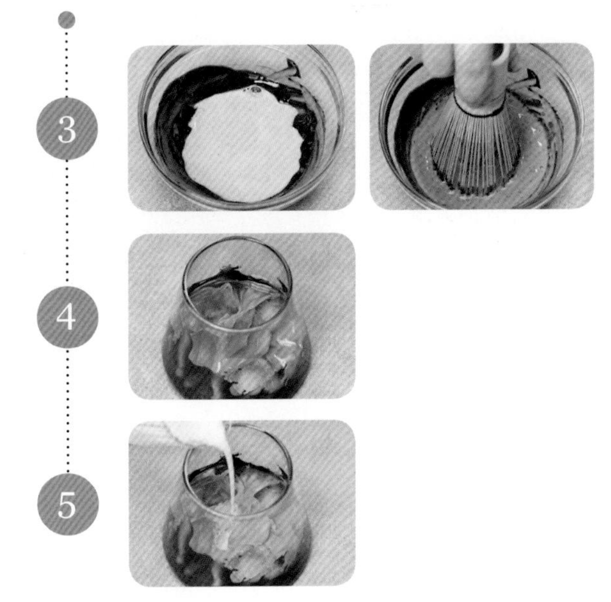

做法

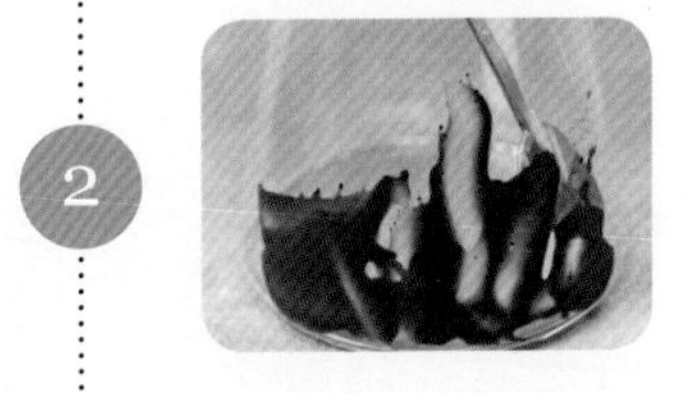

1. 抹茶粉放入碗中，加入糖水，用茶筅打匀，制成抹茶酱。
2. 用勺子取一点儿抹茶酱抹在杯壁上，做出脏脏效果。
3. 在剩下的抹茶酱里加入 50 ml 牛奶，用茶筅打匀，制成抹茶牛奶。
4. 将抹茶牛奶倒入杯中，放入冰块。
5. 将剩下的牛奶慢慢倒入杯中即可。

TIPS

用鲜牛奶制作，成品比较好喝。即使选购超市里冷藏保存的鲜牛奶，也是生产日期越近的越好。

咖啡与柠檬组合，给苦涩的咖啡添加了一份清新的口感。

柠檬咖啡

（约 400 ml）

主料

柠檬汁	30 ml
糖水	30 ml
纯黑咖啡粉	2 g
热水	100 ml
冰块	200 g
柠檬皮	适量

装饰材料

柠檬	1/4 片

TIPS

咖啡粉应选用纯黑咖啡粉，如果有咖啡机，可以用 70 ml 浓缩咖啡代替。

做法

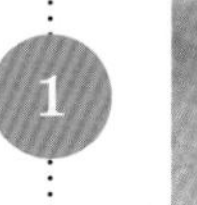

纯黑咖啡粉放入壶中，加入热水，搅拌至溶解，备用。

杯中倒入柠檬汁和糖水，搅拌均匀。

放入冰块和柠檬皮。

倒入步骤 1 的咖啡，装饰上柠檬片即可。

海盐咖啡苦中带咸，别具风味。

海盐咖啡

（约 500 ml）

主料

纯黑咖啡粉	11 g
热水	120 ml
牛奶	80 ml
细砂糖	28 g
淡奶油	80 g
海盐	1 g
冰块	200 g

装饰材料

可可粉	少许

TIPS

1. 可以购买现成的挂耳咖啡冲泡，也可以购买咖啡豆，自己研磨成纯黑咖啡粉使用。
2. 纯黑咖啡粉开封后需要干燥密封保存，1 个月内使用完。
3. 这款饮品也可以制作成热饮：去掉冰块，把牛奶加热至 45 ℃左右，再加入热咖啡里即可。

做法

1

把纯黑咖啡粉放入挂耳包里。

2

先倒入 30 ml 热水（85 ~ 90 ℃），湿润咖啡粉，然后倒入剩余的热水闷泡 1 分钟，过滤出来咖啡液体。

加入细砂糖，搅拌均匀，放凉。

加入冰块和牛奶。

淡奶油、海盐和剩余的细砂糖混合，打至六分发，倒入杯里，撒上少许可可粉装饰即成。

牛奶、咖啡、焦糖，三种味蕾满足。

焦糖玛奇朵

（约 350 ml）

主料

牛奶	180 ml
纯黑咖啡粉	4 g
热水	80 ml
焦糖酱	35 g
冰块	适量
打发好的淡奶油	60 g

装饰材料

焦糖酱	少许

TIPS

咖啡粉应选用纯黑咖啡粉，如果有咖啡机，可以用 70 ml 浓缩咖啡代替。

做法

1

焦糖酱和纯黑咖啡粉一起放入杯里，加入热水，搅拌至溶解。

2

倒入 150 ml 牛奶，加入几块冰块。

3

将打发好的淡奶油和 30 ml 牛奶搅拌均匀，慢慢倒入杯里。

4

挤上少许焦糖酱装饰。

菠萝莫吉托

（约 500 ml）

菠萝是夏季的时令水果。这款无酒精菠萝莫吉托香味浓郁、酸甜适口，夏日饮用，沁人心脾。

菠萝酱材料

菠萝	1个
细砂糖	80 g
玉米糖浆	30 ml
新鲜柠檬	1/2个

其他材料

薄荷叶	12片
青柠	1个
冰块	200 g
苏打水	200 ml
糖水	30 ml

制作菠萝酱

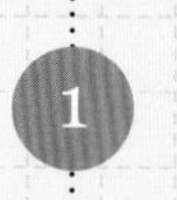

菠萝切成小丁，放进锅中。

将细砂糖倒入菠萝丁中，大致拌匀，静置约半小时，待菠萝丁出水。

新鲜柠檬榨成汁，将柠檬汁加入菠萝丁中，搅拌均匀。

小火加热，煮至沸腾时加入玉米糖浆。

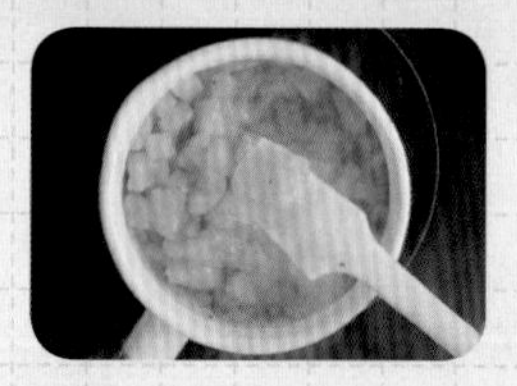

煮至浓稠后关火，将菠萝酱装入密封瓶内在室温下冷却，待用。

完成菠萝莫吉托

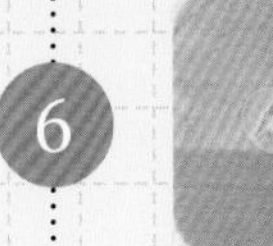

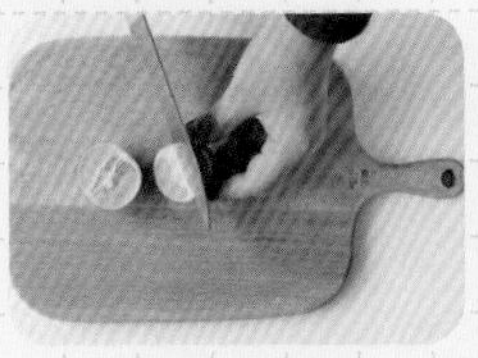

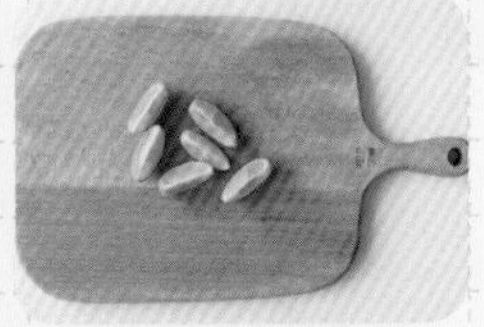

将青柠纵向切成 6 等份。

将 10 片薄荷叶及 4 角青柠在碗中捣烂，倒入杯中。

加入 50 g 菠萝酱、糖水，搅拌均匀。

加入冰块、苏打水，放入剩下的青柠块，搅拌均匀，
放上 2 片薄荷叶点缀即可。

TIPS

1. 可以先用搅拌机将菠萝打碎，再熬煮菠萝酱。
2. 菠萝要选用熟透的，这样熬煮出来的菠萝酱才味道浓郁。菠萝酱可密封冷藏保存一周左右。
3. 苏打水要选用无糖的，如果选用含糖的，糖水的用量要适当减少。
4. 冰块的用量可根据杯子的大小做调整，通常先用冰块填满杯子，再倒入苏打水。

清爽牛油果沙冰搭配多种水果和燕麦，好吃到停不下来！

牛油果沙冰

（约 500 ml）

主料

牛油果（切片）	1 个
酸奶	100 ml
糖水	30 ml
青柠	1 角
冰块	150 g

装饰材料

草莓、蓝莓、火龙果、香蕉、水果麦片　各适量

做法

1
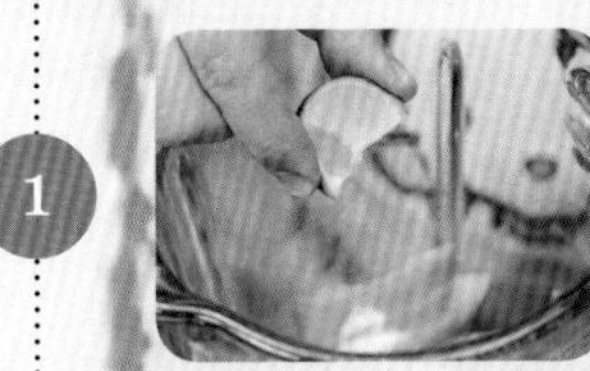
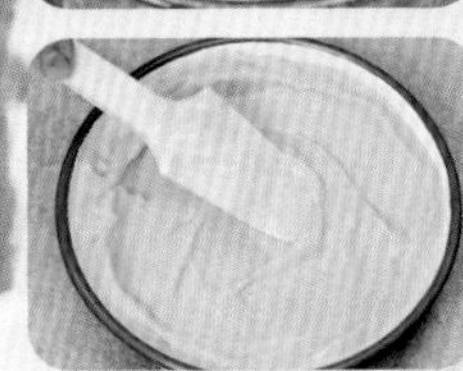

将除青柠外的全部主料放进料理机里，挤入青柠汁，打成沙冰，装入碗里。

将装饰材料处理成喜欢的大小和形状，点缀在沙冰上即可。

香味浓郁的凤梨搭配清新酸爽的青柠及清凉的薄荷，经过搅拌机精细搅打，口味充分融合。一款热带风味浓郁的饮品闪亮登场了！

凤梨青柠沙冰

（约 350 ml）

主料

凤梨片	250 g
薄荷叶	5 片
青柠汁	30 ml
糖水	45 ml

装饰材料

青柠	3 片
薄荷叶	适量

做法

1

凤梨片提前冷冻 2 小时。青柠片贴在杯壁上，进行装饰。

2

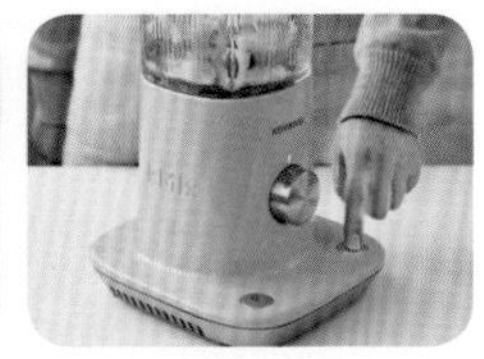

冷冻好的凤梨片和主料中的薄荷叶、青柠汁、糖水一起倒入搅拌机里，搅打均匀。

3

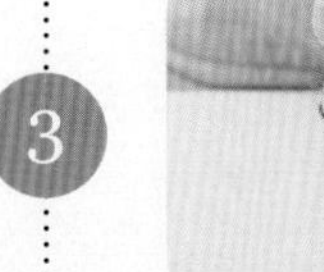

将凤梨青柠沙冰装入杯里，用薄荷叶装饰即可。

TIPS

凤梨提前冷冻后，既是饮品的主料，又能代替冰块。用冷冻过的凤梨制作出的沙冰果香味更浓郁，真正是原汁原味。

桃子和青柠搭配，带来新奇的酸甜享受，再加上苏打水，又是一番别样的清爽。

桃子苏打

（约 400 ml）

主料

蜜桃茉莉花酱	30 g
青柠	1 角
桃子丁	35 g
苏打水	150 ml
冰块	150 g

装饰材料

迷迭香	少许

做法

蜜桃茉莉花酱倒入杯中，加入 30 ml 苏打水，搅拌均匀。

放入冰块、青柠块、桃子丁。

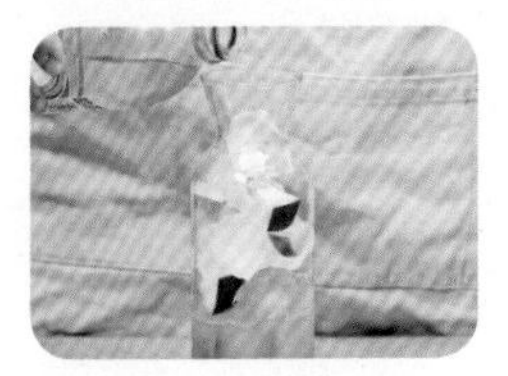

倒入剩下的苏打水，放上迷迭香装饰，搅拌均匀即可饮用。

TIPS

冰块、青柠块、桃子丁应错落地放入杯中，这样比较美观。

用自制的蓝莓桑葚果酱，搭配多种莓果，就可以轻松做出美味爽口的杂莓苏打哟！

杂莓苏打

（约 400 ml）

主料

蓝莓桑葚果酱（做法见 p.185）	30 g
糖水	15 ml
青柠	1/2 片
蓝莓	3 颗
覆盆子	2 颗
苏打水	150 ml
冰块	200 g
薄荷叶	1 片

做法

1. 

   蓝莓桑葚果酱倒入杯里，加入糖水，搅拌均匀。

2. 

   放入冰块、青柠片、蓝莓、覆盆子、薄荷叶，倒入苏打水即可。

金橘柠檬苏打

（约500 ml）

以海南小金橘和柠檬为主料，这款饮品做法简单、口味独特，快来试一试吧！

主料

柠檬	2片
海南小金橘	3颗
糖水	40 ml
冰块	220 g
苏打水	200 ml

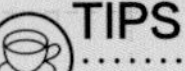

TIPS

1. 苏打水应选用无糖的。如果选用的是含糖苏打水，糖水的用量要适当减少。
2. 冰块的用量可根据杯子的大小调整，通常先用冰块填满杯子，然后倒入苏打水。

做法

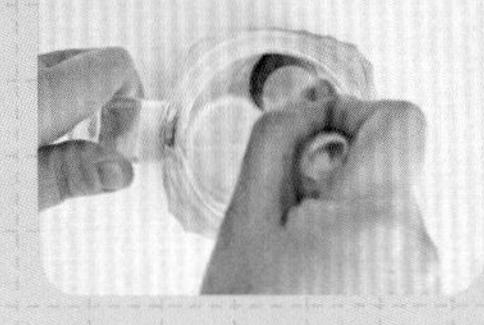

苏打水冷藏备用。柠檬片在杯中捣烂。切开海南小金橘，向杯中挤汁。

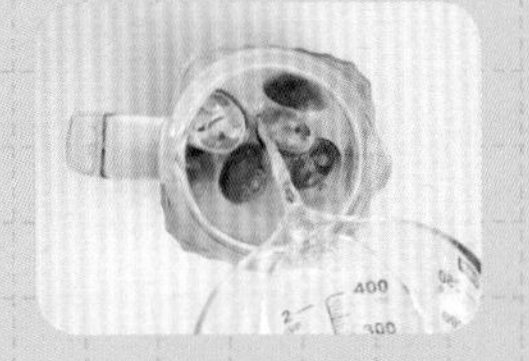

加入糖水、冰块、冷藏好的苏打水，搅拌均匀即可。

西瓜冰茶
（约 400 ml）
西瓜和夏天最配了！

主料

西瓜汁	100 ml
红茶茶包	1 个
热水	120 ml
糖水	15 ml
西瓜球	30 g
冰块	130 g

TIPS

将西瓜瓤用水果挖球勺挖成球状使用，比较美观。

做法

1

红茶茶包放入杯中，加入热水泡10 分钟。

2

瓶中倒入西瓜汁，加入糖水，搅拌均匀。

3

放入冰块和西瓜球。

4

倒入红茶，搅拌均匀即可。

这款以杧果和草莓为主题的冷泡茶，茶香清纯，伴有水果的微香，细细品来，回味悠长！

杧果草莓冰茶

（约 500 ml）

主料

杧果	80 g
草莓	2 颗
蓝莓	3 颗
柠檬	1 片
薄荷叶	4 片
青柠	1 角
绿茶茶包	1 个
热水	200 ml
冰块	150 g
糖水	45 ml

做法

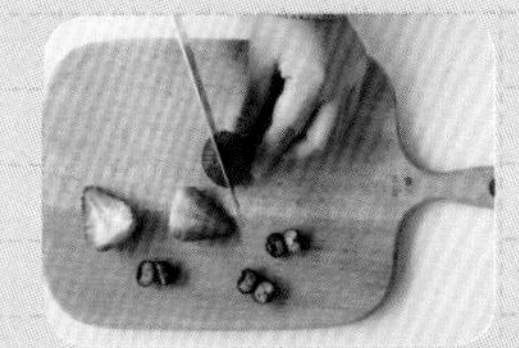

杧果切块，草莓、蓝莓对半切开，放入密封容器里。

绿茶茶包放入碗中，倒入热水，搅拌均匀。

加入糖水，搅拌 10 秒左右。

4

加入冰块，搅拌均匀。捞起茶包，放入步骤 1 的密封容器里。

5

将步骤 3 的绿茶倒入密封容器里。

6

加入柠檬片、青柠块、薄荷叶，密封冷藏。

TIPS

1. 这款水果冰茶属于冷泡茶，需要冷藏浸泡 12 小时后饮用，保质期为 48 小时。
2. 添加糖水和柠檬片可以起防腐作用，延长冰茶的保质期。

香橙西柚冰茶

（约 500 ml）

这款将香橙和西柚采用冷泡方法制成的饮品，非常适合夏日饮用，可大量补充维生素C，让你整个夏季都神采奕奕！

主料

香橙	3 片
西柚	1 片
蓝莓	2 颗
青柠	1 角
柠檬	1 片
薄荷叶	4 片
热水	200 ml
冰块	150 g
糖水	45 ml
伯爵红茶茶包	1 个

做法

1

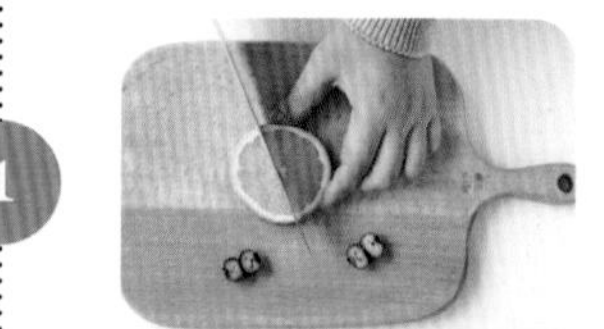

香橙片、西柚片、蓝莓均对半切开，放入瓶子里。

2

伯爵红茶茶包放入碗中，倒入热水泡开，搅拌均匀。

3

加入糖水，搅拌 10 秒左右。

4

加入冰块，搅拌均匀。捞起茶包，放入步骤 1 的瓶子里。

5

倒入步骤 3 的伯爵红茶。

6

加入柠檬片、青柠块、薄荷叶，密封冷藏。

TIPS

1. 这款水果冰茶属于冷泡茶，需要冷藏 12 小时后饮用，保质期为 48 小时。
2. 添加糖水和柠檬片可以起到防腐作用。

鲜果水果茶

（约 500 ml）

这款鲜果水果茶用了7种新鲜水果，还有淡淡的红茶幽香，谁能抵挡？

主料

青柠	1 片
百香果果酱(做法见 p.181)	15 g
新鲜百香果(仅取瓤)	1/2 个
西瓜瓤	3 块
草莓(切块)	1 个
蓝莓	2 颗
奇异果	1 块
柑橘(切块)	1 个
红茶茶包	2 个
热水	200 ml
冰块	适量

装饰材料

西瓜球	2 颗

TIPS

1. 这款鲜果水果茶放冰箱冷藏室中冷泡 1 小时以上，风味更好。
2. 如果新鲜百香果的瓤偏酸，可以额外添加 15 ml 糖水混合均匀后饮用。

做法

红茶茶包放入杯中，加入热水，泡 10 分钟。

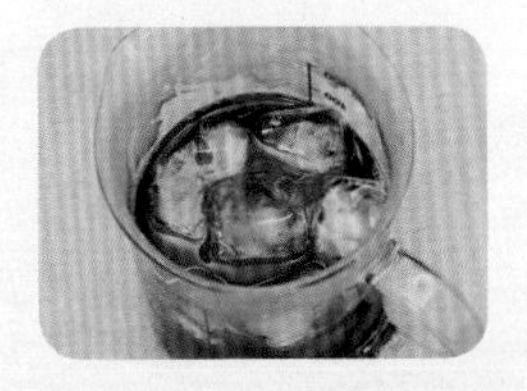

取出茶包，向泡好的红茶中加入适量冰块。

罐子里加入新鲜百香果瓤和百香果果酱。

倒入适量步骤 2 的冰红茶，搅拌均匀。

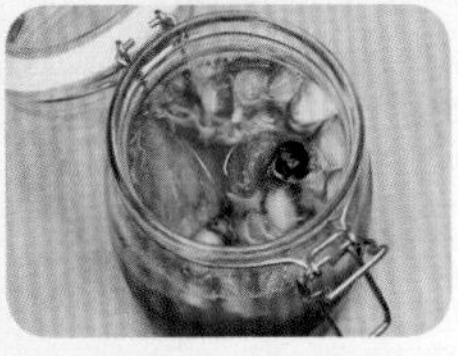

放入主料中的其他新鲜水果，倒入剩下的冰红茶，用竹扦串起西瓜球装饰即可。

将红茶冻成冰块使用，这款鲜柠檬茶真是越喝越有滋味！

鲜柠檬茶

（约 500 ml）

主料

青柠	1 个
糖水	30 ml
红茶茶包	3 个
热水	400 ml

TIPS

红茶茶包选用 2 包英式红茶和 1 包伯爵红茶，因为伯爵红茶里含有柑橘成分，可以让茶味更清香别致。

做法

1

红茶茶包放入杯中，加入热水，泡 10 分钟。

2

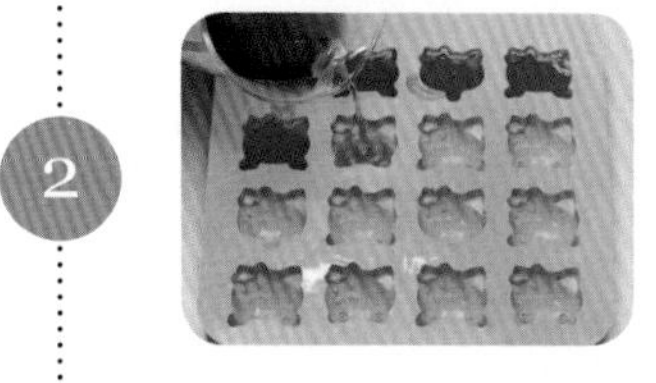

将 100 ml 泡好的红茶倒入硅胶模里，冷冻成冰块。

3

半个青柠切片，半个榨汁。

4

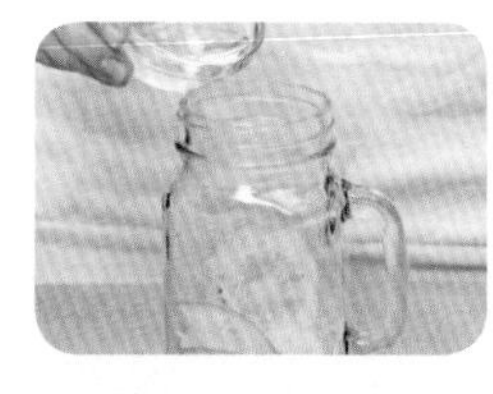

将青柠片和青柠汁放入杯里，加入糖水，搅拌均匀。

5

倒入剩下的红茶，放入红茶冰块即可。

豆豆波波茶

（约 500 ml）

这也是一款非常有人气的网红饮品哟！你可以先舀食豆乳奶盖，再将吸管一插到底，吸起豆花、芋圆珍珠和奶茶食用。这款波波茶的吃法和材料一样丰富哟！

芋圆珍珠材料

香芋	100 g
木薯淀粉	适量
小麦淀粉	5 g
热水	40 ml
细砂糖	20 g
冰水	适量

奶茶材料

红茶茶包	2 个
热水	150 ml
淡奶	50 ml
炼乳	20 g

豆乳奶盖材料

豆奶	35 ml
奶油奶酪	60 g
海盐	1 g
细砂糖	8 g

其他主料

豆花	50 g
冰块	适量

装饰材料

熟黄豆粉	适量

制作芋圆珍珠

1

香芋切块，蒸熟，压烂，加入 50 g 木薯淀粉、小麦淀粉搅拌至呈沙砾状。

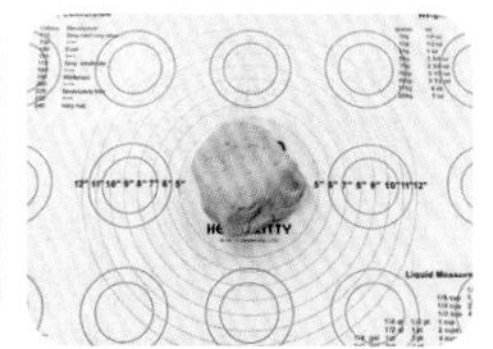

加入热水搅匀，不烫手后揉匀，揉至表面光滑、有弹性、不会裂开。

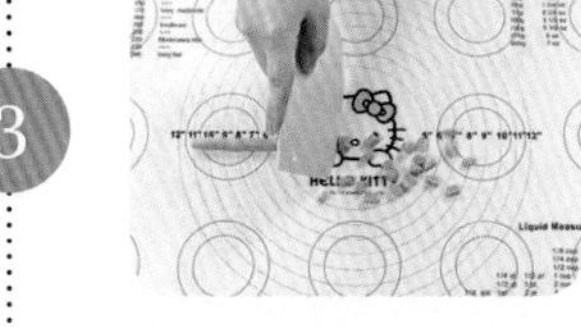

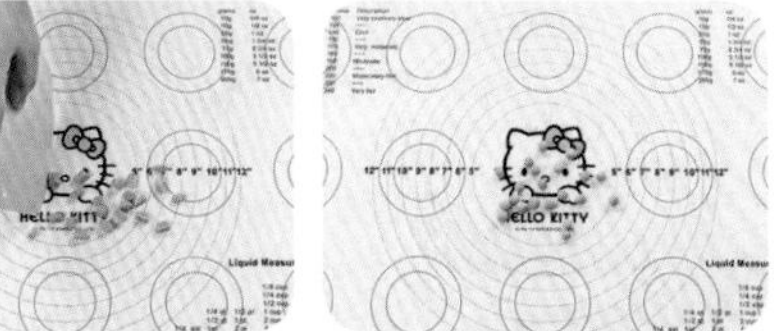

将芋泥团搓成长条，切成大小适合的小丁，搓圆成珍珠状。

将芋圆珍珠放入木薯淀粉中，让它们均匀裹上木薯淀粉防粘。筛出多余的木薯淀粉。

烧开一锅清水，放入芋圆珍珠，将其煮至浮在水面即可。

6 捞出芋圆珍珠放入冰水里，冷却一下即可捞起。

7 煮好的芋圆珍珠和细砂糖混合搅匀，备用。

制作奶茶

8 红茶茶包放入杯中，加入热水，泡 10 分钟。

9 取出茶包，在泡好的红茶中加入淡奶和炼乳搅匀即可。

制作豆乳奶盖

10 把全部豆乳奶盖材料放入打蛋盆里，用打蛋器搅打至没有颗粒、可以缓缓流动即可。

完成豆豆波波茶

杯里放入豆花、步骤 7 的芋圆珍珠。

加入冰块，倒入奶茶。

把做好的豆乳奶盖慢慢倒在茶上。

筛上熟黄豆粉装饰即可。

TIPS

1. 煮好的芋圆珍珠需要当天食用完毕，且要常温保存，不能冷藏，冷藏会使芋圆珍珠老化变硬。
2. 未煮的芋圆珍珠可以密封冷冻保存 1 个月。食用时不需要提前解冻，直接放入锅里煮即可。
3. 红茶最好选用阿萨姆红茶。
4. 豆奶选用无糖豆奶，如果用含糖豆奶，应适当减少细砂糖用量。

mm 豆巧克力茶

（约 500 ml）

mm 豆，快到我的巧克力茶里来！

主料

煮好的芋圆珍珠	50 g
阿华田粉	50 g
温水	300 ml
巧克力榛子酱	25 g
冰块	适量

装饰材料

打发好的淡奶油	80 g
m&m's 巧克力豆、可可粉	各适量

做法

1

阿华田粉放入杯中，加温水搅拌至溶化。

2

另取一个杯子，在杯壁上抹上巧克力榛子酱。

3

放入煮好的芋圆珍珠。

4

加入冰块，倒入阿华田液。

5

挤上打发好的淡奶油。

6

筛上可可粉，放上 m&m's 巧克力豆装饰即可。

TIPS

1. 这款饮品没有添加额外的糖，因为巧克力榛子酱和阿华田粉都是含糖的，所以甜度是足够的。
2. 如果去冰或者少冰，饮品的甜度都会增加的。

黑芝麻汤圆豆豆茶

（约 500 ml）

将那串圆滚滚的汤圆在豆乳奶盖和熟黄豆粉、熟黑芝麻粉上滚一圈，确保每一颗汤圆都被包裹，再开始享受这甜蜜的味道吧！

汤圆材料

糯米粉	50 g
热水	35 ml
细砂糖	5 g
冰水	适量

其他主料

煮好的芋圆珍珠	50 g
黑芝麻酱	80 g
牛奶	200 ml
豆乳奶盖（做法见 p.84 步骤 10）	100 g

装饰材料

熟黄豆粉、熟黑芝麻粉　各适量

制作汤圆

1

糯米粉放入碗中，加入热水，大致搅匀。

2

待不烫手后将面团揉匀，揉至表面光滑、有弹性、不会裂开。

3

将糯米面团搓成长条，平均分为 9 份，搓圆。

4

烧开一锅清水，放入汤圆，将其煮至浮至水面后再煮 1 分钟即可。

5

捞起汤圆放入冰水里，冷却一下即可捞起，加入细砂糖拌匀。

6

用竹扦将汤圆串起，备用。

完成黑芝麻汤圆豆豆茶

取适量黑芝麻酱抹在杯壁上。

另取一个杯子，倒入剩下的黑芝麻酱和牛奶，混合均匀。

向步骤 7 的杯子里放入煮好的芋圆珍珠。

加入冰块，倒入黑芝麻牛奶。

将豆乳奶盖慢慢倒入。

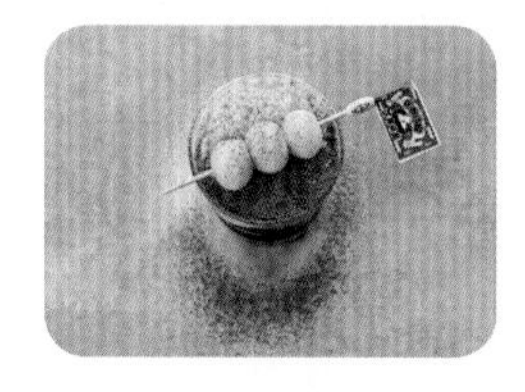

筛上熟黄豆粉和熟黑芝麻粉，放上汤圆串装饰即可。

TIPS

1. 煮好的汤圆需要当天食用完毕，且应常温保存，不能冷藏，冷藏会使汤圆老化变硬。
2. 未煮的汤圆可以密封冷冻保存 1 个月。食用时不需要提前解冻，直接放入锅里煮即可。
3. 黑芝麻酱使用含糖的，如果选用不含糖的黑芝麻酱，需要额外添加糖。
4. 芋圆珍珠也可以用黑珍珠粉圆代替。

Part 3

元气满满 排毒水

夏天来了，这款瘦身排毒水非常适合饮用哟！

排毒水

（约 500 ml）

主料

西柚果粒	20 g
苹果	2 片
橙子	2 片
薄荷叶	适量
纯净水（冷）	350 ml

做法

1

把全部水果和薄荷叶放入杯里。

2

注入冷水，放入冰箱中冷藏 2 ～ 8 小时即可。

凤梨、橙子、海南小金橘都富含维生素C，因此这是一款非常好的补充维生素 C 的饮品。

补维生素 C 水

（约 500 ml）

主料

凤梨	60 g
橙子	2 片
青柠	2 片
海南小金橘	1 颗
纯净水（冷）	400 ml

做法

1

将青柠片和海南小金橘分别对半切开，然后把全部水果放入瓶里。

2

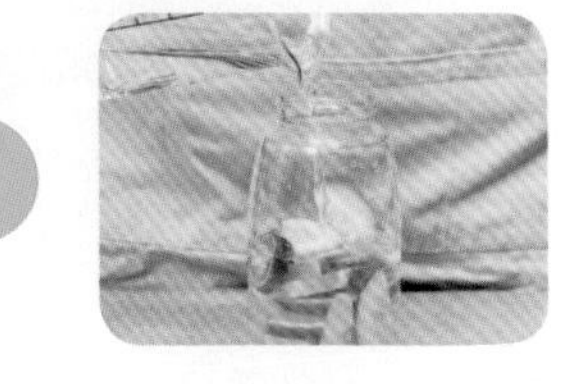

注入冷水，放入冰箱中冷藏 2 ~ 8 小时即可。

深吸一口降脂水，带走身体的负累。

降脂水

（约 500 ml）

主料

石榴籽	20 g
覆盆子	25 g
柑橘（切片）	1/2 个
纯净水（冷）	400 ml

做法

1

石榴籽、覆盆子、柑橘片放入杯里。

2
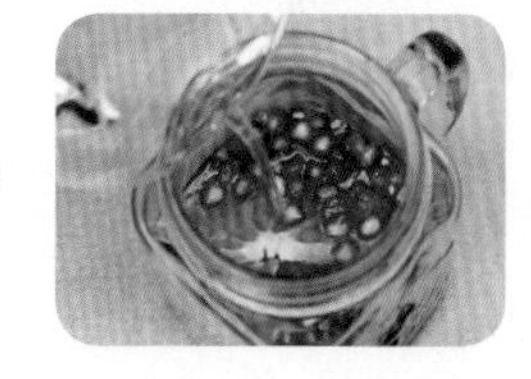

注入冷水，放入冰箱中冷藏 2 ～ 8 小时即可。

TIPS

1. 石榴籽应选用成熟的、红透的。
2. 柑橘有开胃、保肝明目、降血压、降血脂等功效。

瘦身水

（约 3000 ml）

在聚会时和朋友一起分享这款饮品吧！

主料

哈密瓜	400 g
凤梨	300 g
黄瓜	1/2 根
柠檬	4 片
青柠	1/2 个
纯净水（冷）	2000 ml

TIPS

哈密瓜有生津止渴、美容养颜等功效，搭配凤梨制成的饮品含有丰富的酶，有瘦身美容的功效。

做法

把黄瓜纵向削成片，哈密瓜切成丁，凤梨切成块，青柠纵向切成两半。

瓶里注入冷水，将黄瓜片放入冷水中。

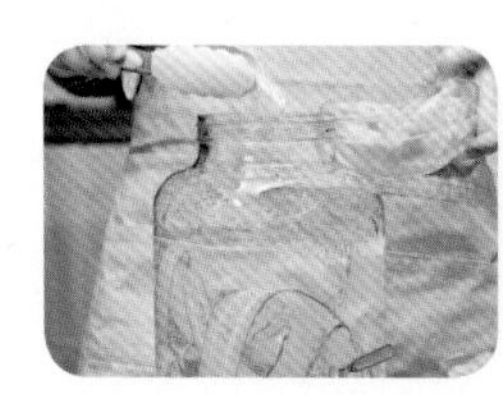

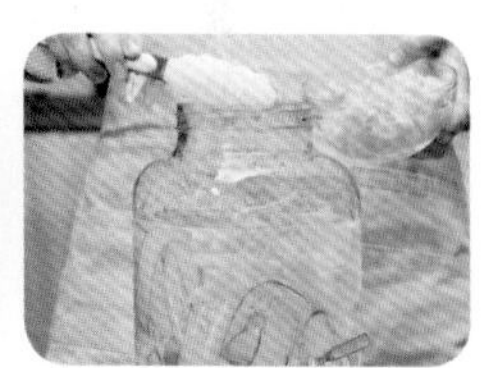

放入凤梨块和哈密瓜丁。

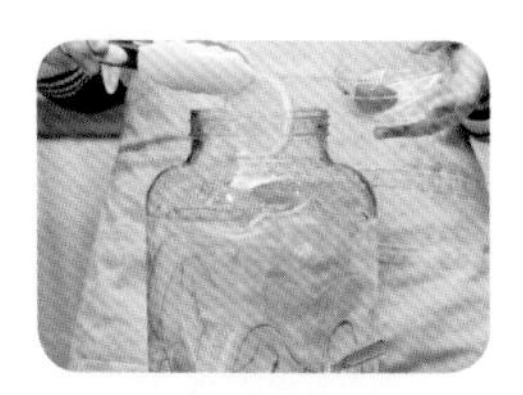

放入柠檬片和青柠块后，放入冰箱中冷藏 2 ~ 8 小时即可。

西瓜就像是夏天的代表，清凉爽甜。

助消化水

（约 500 ml）

主料

西瓜	100 g
青柠	1/2 个
薄荷叶	适量
纯净水（冷）	350 ml

TIPS

青柠有助消化的功效。

做法

1

青柠切片，放入杯里。

2

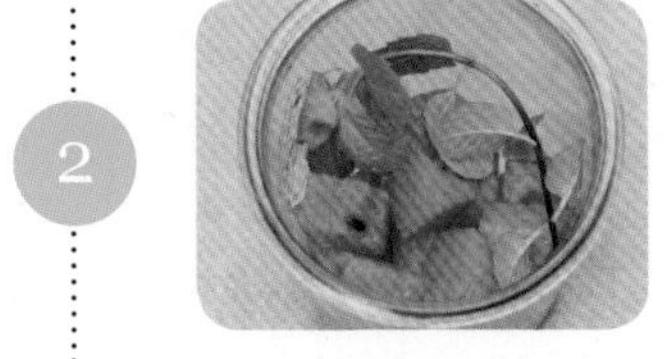

加入切成块的西瓜和薄荷叶。

3

注入冷水，放入冰箱中冷藏 2 ~ 8 小时即可。

冰冰凉凉的饮品也能驱走感冒的不适。

抗感冒水

（约 500 ml）

主料

橙子（切片）	1/2 个
西柚果粒	20 g
生姜	2 片
薄荷叶	适量
纯净水（冷）	350 ml

TIPS

橙子和西柚含有丰富的维生素，和生姜搭配制成的饮品有抗感冒的功效。

做法

1

橙子片和西柚果粒、姜片一起放入杯里。

2

注入冷水，放入薄荷叶。

3

盖上杯盖，放入冰箱中冷藏 2 ~ 8 小时即可。

酸酸甜甜的神仙搭配，让人食欲大开！

百香果草莓水

（约 500 ml）

主料

百香果	1 个
草莓（对半切开）	60 g
薄荷叶	适量
纯净水（冷）	400 ml

做法

1

百香果切开，将瓤挖入杯里。

2

加入草莓块和薄荷叶。

3

注入冷水，放入冰箱中冷藏 2 ~ 8 小时即可。

杧果凤梨水

（约 1500 ml）

这是一款清清爽爽助消化的饮品。

主料

凤梨	120 g
杧果	70 g
香蕉	1/2 根
青柠	1 片
纯净水（冷）	1000 ml

做法

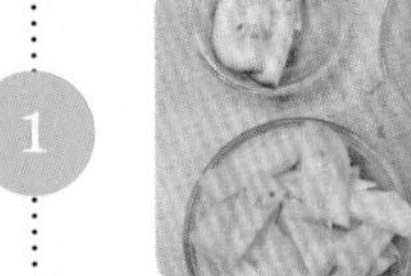

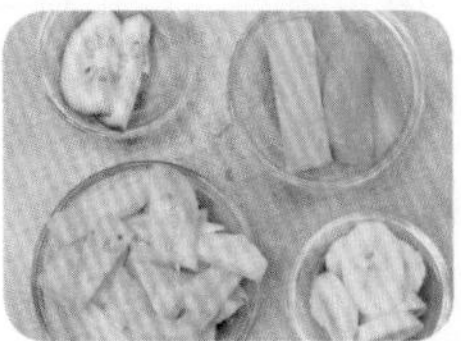

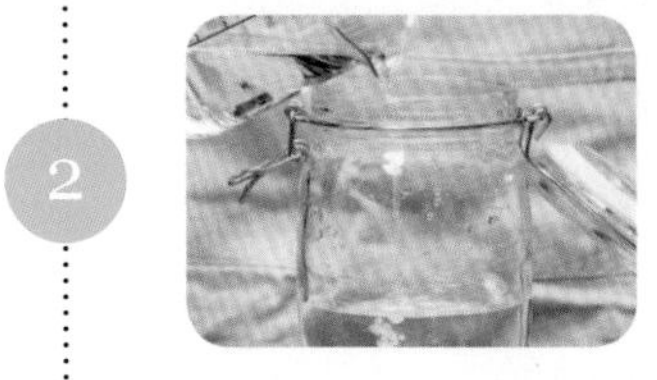

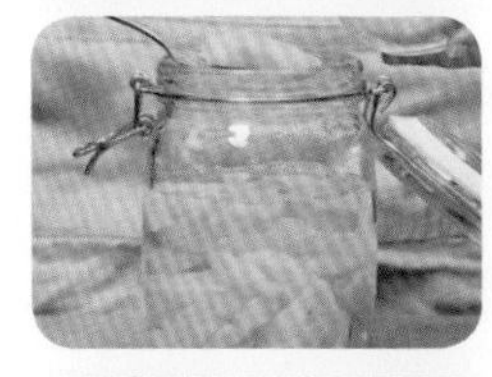

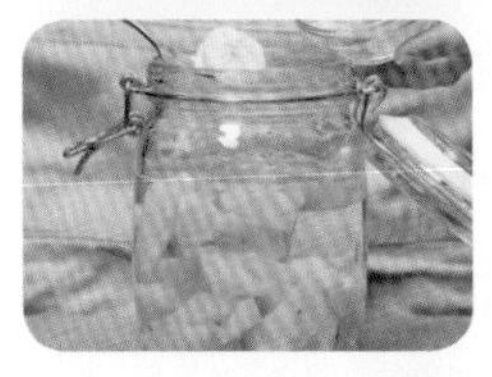

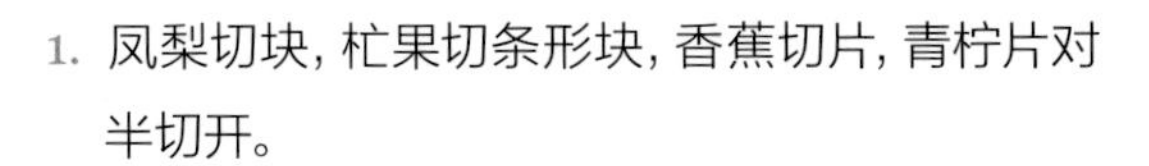

1. 凤梨切块，杧果切条形块，香蕉切片，青柠片对半切开。
2. 玻璃密封罐里注入半罐冷水。
3. 依次放入凤梨块、杧果块和香蕉片。
4. 放入青柠片后倒入剩余冷水。将罐子扣紧盖子，放入冰箱中冷藏 2 ~ 8 小时即可。

TIPS

凤梨有助消化的功效。

玫瑰花香加果香，喝出荔枝肉般嫩滑的肌肤！

玫瑰荔枝水

（约 500 ml）

主料

荔枝肉	3 个
柠檬皮	1 条
覆盆子	35 g
干玫瑰花	1 g
香草豆荚	1/2 根
纯净水（冷）	400 ml

TIPS

1. 干玫瑰花可以用 2 朵有机玫瑰花瓣代替，成品有淡淡的玫瑰清香。另外，玫瑰花还有美容、益肺、宁心的功效。
2. 香草豆荚不要省略，否则成品风味会不一样的。

做法

1 

杯里放入覆盆子、干玫瑰花、荔枝肉。

2 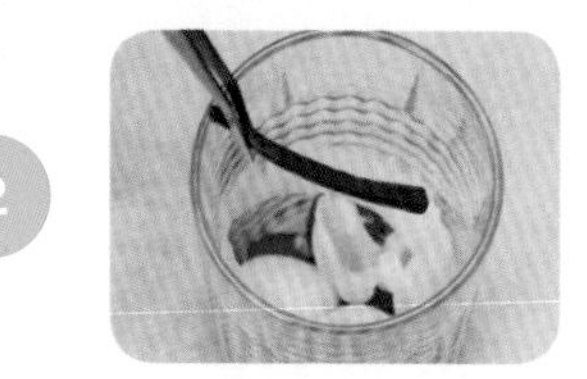

加入柠檬皮、香草豆荚。

3 

注入冷水，放入冰箱中冷藏 2 ~ 8 小时即可。

一杯迷迭香桃子水，给人甜似初恋的感觉，冰爽怡口！

迷迭香桃子水

（约 500 ml）

主料

桃子（切片）	1 个
迷迭香	1 枝
纯净水（冷）	350 ml

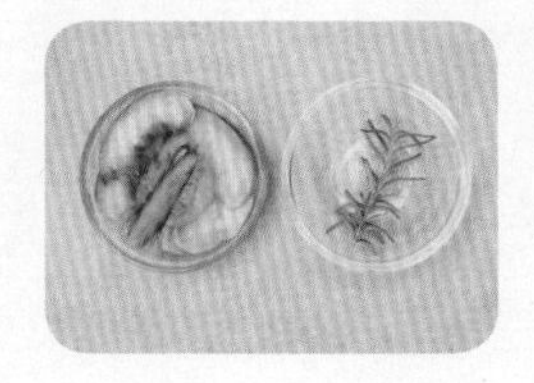

做法

1 

瓶子里注入冷水。

2 

放入桃子片和迷迭香。

3 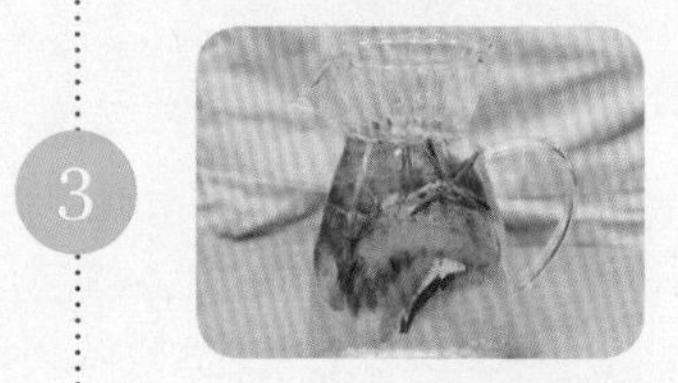

放入冰箱中冷藏 2 ~ 8 小时即可。

TIPS

1. 桃子有消除水肿、解酒等功效。
2. 迷迭香有安神、提神醒脑、杀菌等功效。

黄瓜和奇异果都含有丰富的维生素，常饮奇异果黄瓜水通体舒畅。

奇异果黄瓜水

（约 1000 ml）

主料

奇异果（切扇形片） 1个
黄瓜 1/4 根
柠檬（切半圆形片） 2片
纯净水（冷） 800 ml

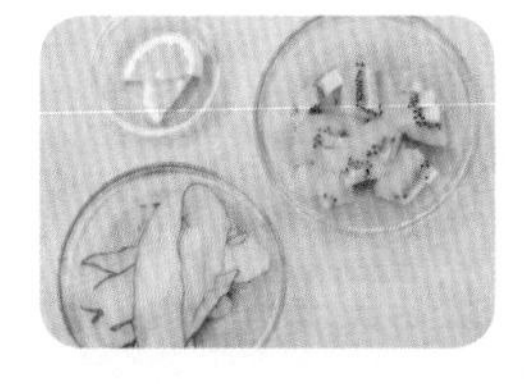

装饰材料

柠檬片 适量

做法

1
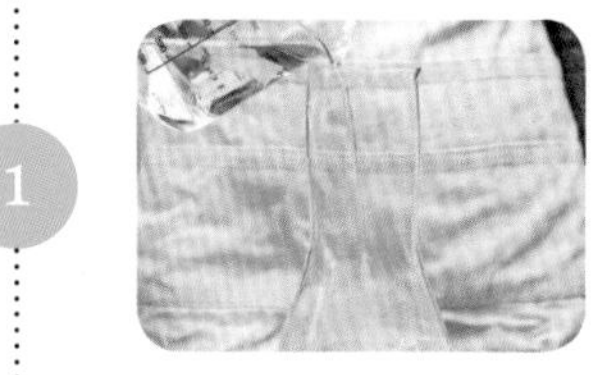

瓶里注入冷水。

2

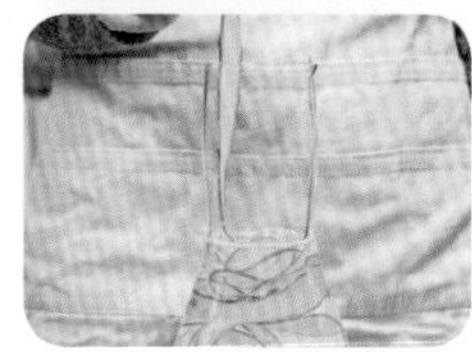

将黄瓜刨成薄片，放入瓶里。

3
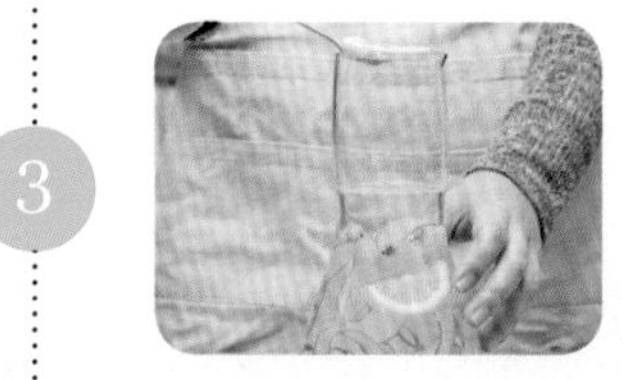

加入奇异果片和柠檬片，放入冰箱中冷藏 2 ~ 8 小时。将奇异果黄瓜水倒入杯中，用柠檬片装饰即可。

雪梨百合水

（约 500 ml）

这款雪梨百合水又好喝，又有非常好的保健功效哟！

主料

雪梨	1个
鲜百合	50g
冰糖	15g
枸杞	1.5g

TIPS

这款饮品具有清热润肺的功效。

做法

1

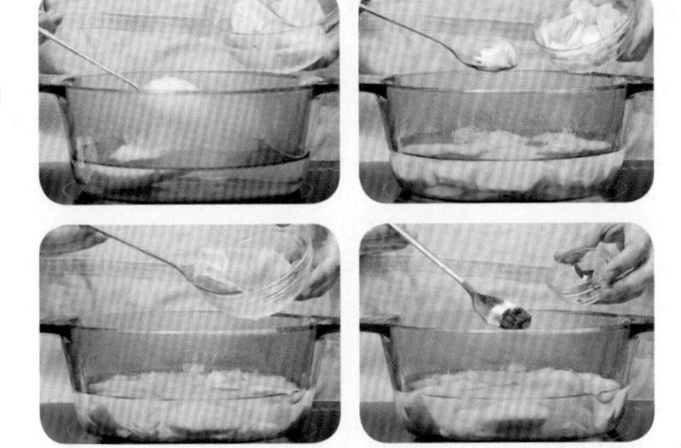

雪梨去皮（留用），切块。锅里加入800 ml清水，依次放入雪梨块、百合、雪梨皮和枸杞，开火加热。

2

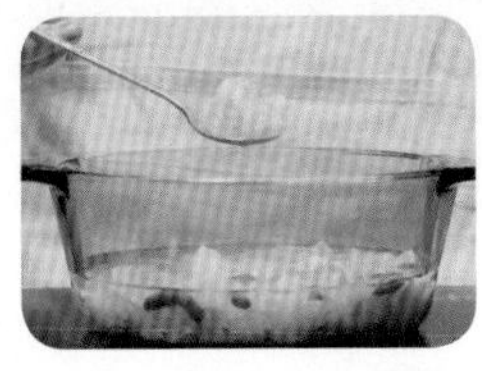

中小火煮10分钟后，加入冰糖。

3

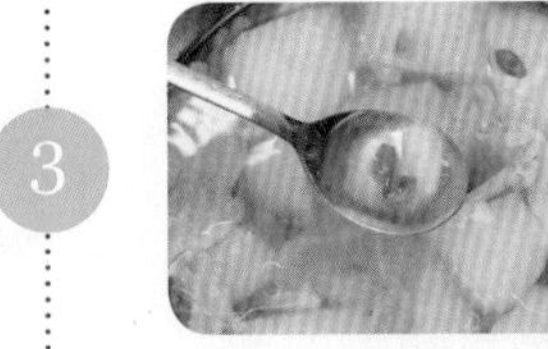

继续煮5分钟即可。

Part 4

冰透齿颊

冰棍儿
&
冰激凌

草莓酸奶冰棍儿

（3支）

夏天就是要酸酸甜甜的！这款颜值颇高的草莓酸奶冰棍儿再适合不过了！

主料

草莓片　　适量

酸奶　　100 g

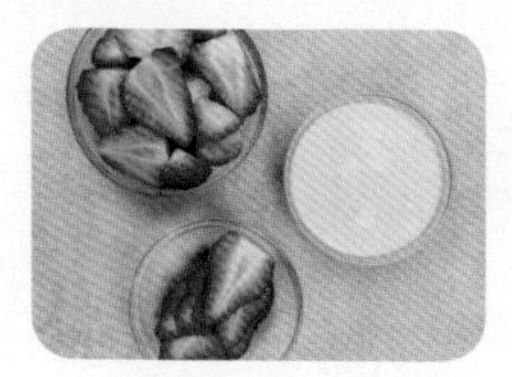

做法

1

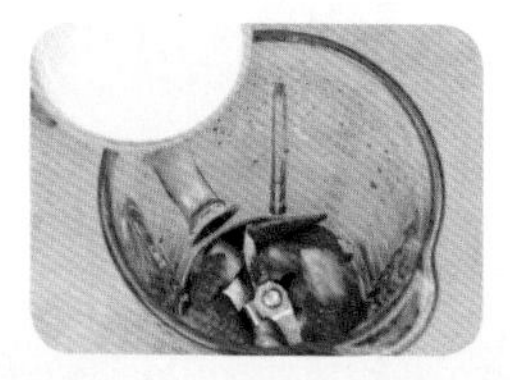

将 100 g 草莓片和酸奶放入料理机里，打匀。

2

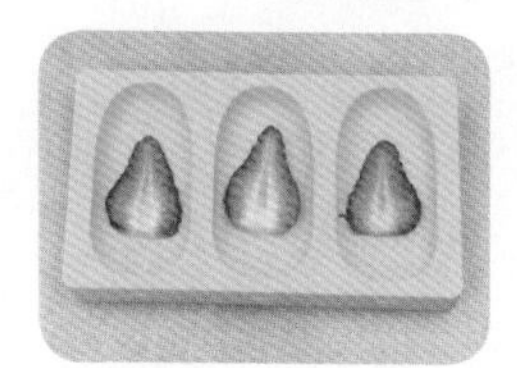

在模具的 3 个格子里各放入 1 片草莓片。

3

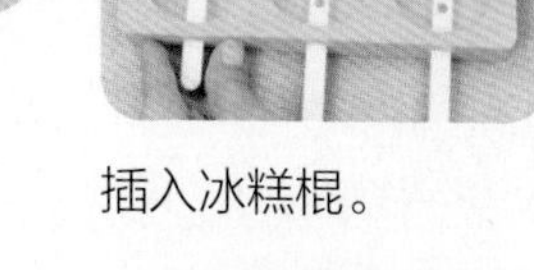

插入冰糕棍。

4

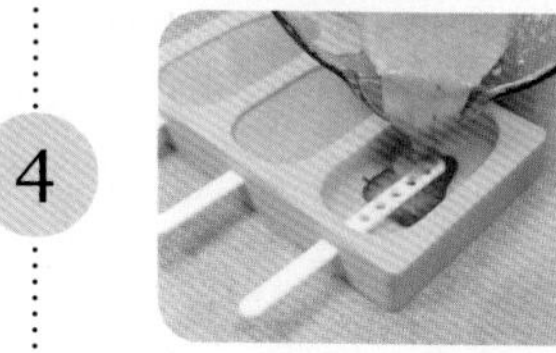

倒入草莓酸奶糊。

5

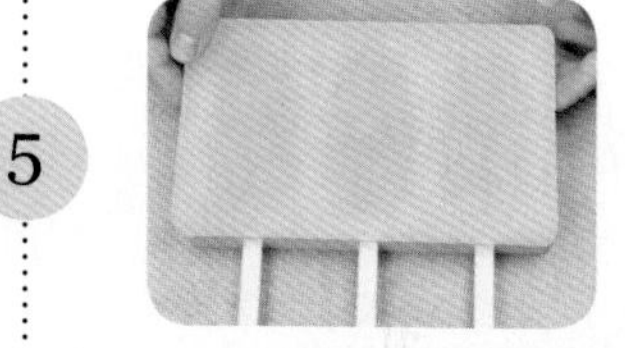

盖上模具的盖，放入冰箱中冷冻一晚。

6

将冰棍儿取出脱模即可。

TIPS

1. 应选择浓稠的酸奶。
2. 草莓本身酸酸甜甜的，所以配方中没有糖。如果觉得冰棍儿不够甜，可以在步骤 1 适当添加 10 ~ 15 g 细砂糖一起打匀。

奇异果奇亚籽冰棍儿

（3支）

这款冰棍儿既能解馋，还能吃出饱腹感哟！

主料

奇亚籽	20g
牛奶	120ml
淡奶油	50g
蜂蜜	20g
奇异果	3片

做法

1

将奇亚籽、牛奶、淡奶油、蜂蜜一起放入碗中搅匀，放入冰箱中冷藏一晚。

2

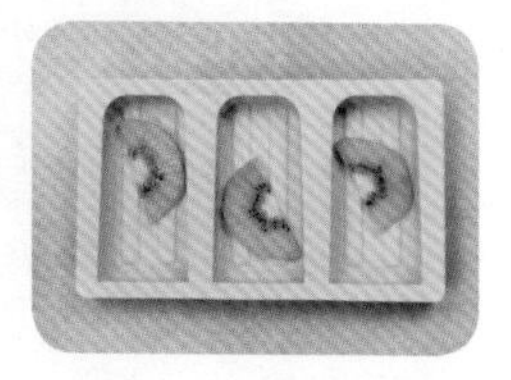

在模具的3个格子里各放入1片奇异果。

3

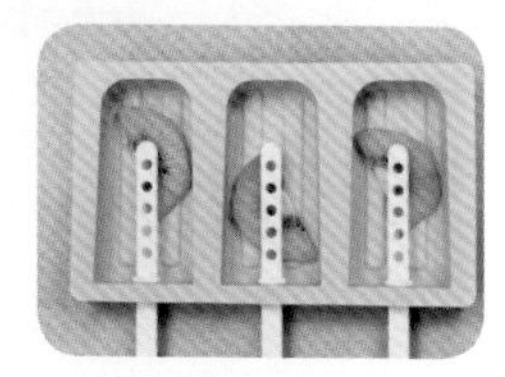

插入冰糕棍。

4

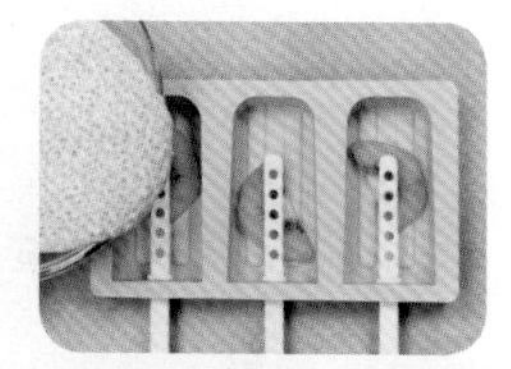

倒入冷藏好的奇亚籽混合液体。

5

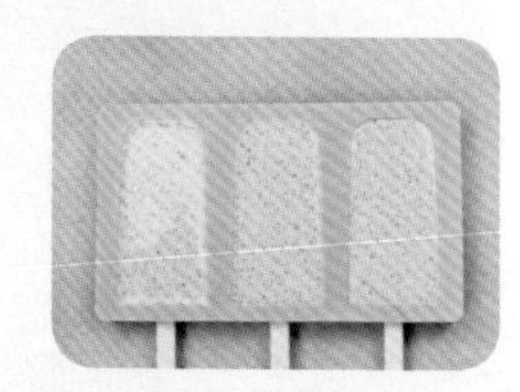

盖上模具的盖，放入冰箱中冷冻一晚。

6

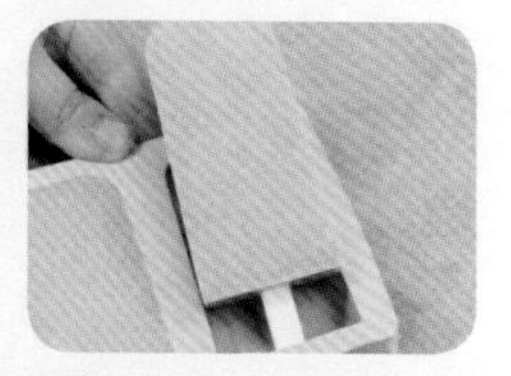

将冰棍儿取出脱模即可。

TIPS

1. 没有淡奶油的话，可以用牛奶或者酸奶代替。
2. 奇亚籽需要浸泡4小时以上，充分吸收水分。

巴旦木冰棍儿

（3支）

可以将巴旦木仁换成花生、核桃、黑芝麻等其他坚果仁，制作成不同口味的有着浓浓坚果香的冰棍儿哟！

主料

熟的巴旦木仁	50 g
牛奶	190 ml
糯米粉	10 g
细砂糖	15 g

TIPS

1. 如果使用的是生的坚果仁，在制作前需要先将其放入烤箱中以 150 ℃烘烤 10 ~ 15分钟至烤熟，冷却后使用。
2. 如果喜欢浓滑口感的冰棍儿，可以将全部主料打匀过筛后再加热，这样成品就不会有果仁带来的颗粒感。

做法

1 全部主料放入料理机里打匀。

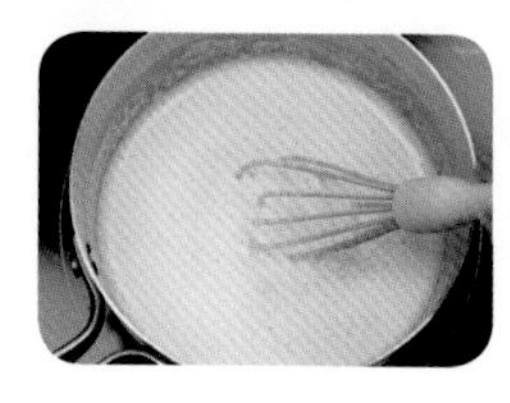

2 倒入奶锅里，小火加热，煮至稍微浓稠即可。

3 模具中插入冰糕棍。

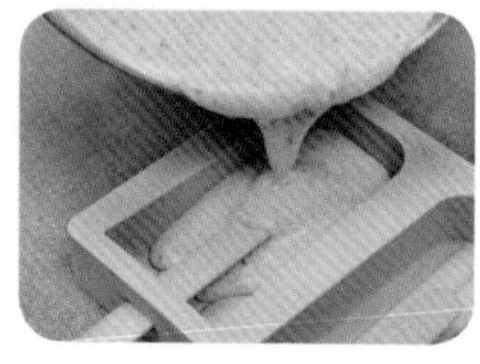

4 将步骤 2 煮好的糊倒入模具里，放入冰箱中冷冻一晚。

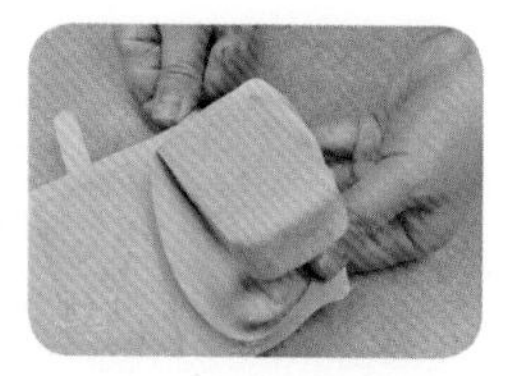

5 将冰棍儿取出脱模即可。

杂果冰棍儿

（3支）

在一支冰棍儿里就能品尝到好几种水果的味道，太过瘾了！

主料

纯净水	135 ml
细砂糖	15 g
柠檬汁	7 ml
多种水果片	适量

TIPS

1. 柠檬糖水可以换成用其他果汁制作的糖水。将纯净水换成苏打水制作亦可。
2. 应将新鲜水果切成 2 ~ 3 mm 厚的薄片使用，而且水果片不要比模具大，要不然露出来不美观。

做法

1

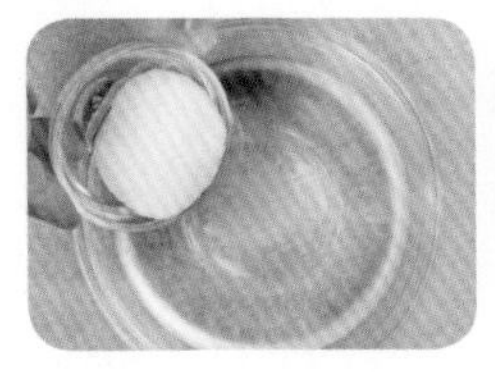

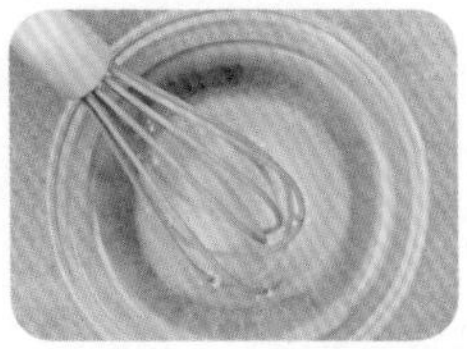

纯净水和细砂糖一起放入碗中，搅拌至细砂糖溶化。

加入柠檬汁，搅拌均匀。

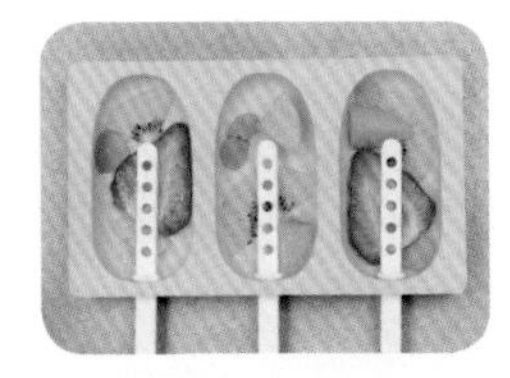

模具里放入水果片，插入冰糕棍。

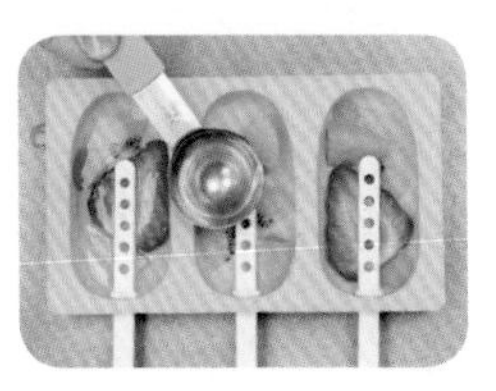

将步骤 2 的柠檬糖水倒入模具里，放入冰箱中冷冻一晚。

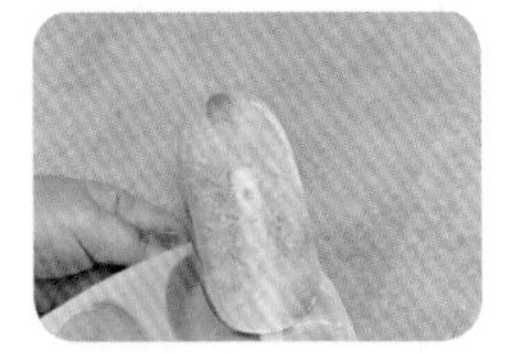

将冰棍儿取出脱模即可。

酸奶燕麦冰激凌

（4份）

这是一款简单的快手冰激凌，也可以冷藏，制成可以用甜品勺品尝的下午茶甜点。

主料

酸奶	100 g
淡奶油	160 g
混合燕麦	25 g
百香果果酱（做法见 p.181）、红色果酱（做法见 p.183）、蓝莓桑葚果酱（做法见 p.185）、猕猴桃果酱	各适量

TIPS

如果没有果酱，可以用冷冻果泥代替。

制作英式奶酱

1

淡奶油打至六分发，加入酸奶，搅拌均匀。

2

将 4 种果酱分别放入模具底部。

3

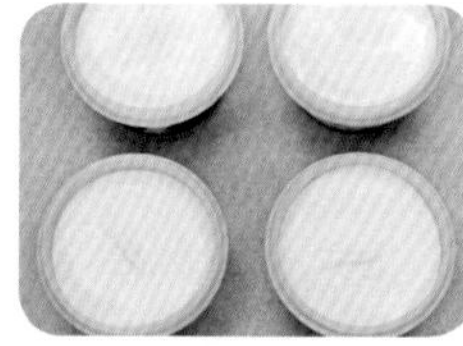

将步骤 1 的材料倒入盛有果酱的模具里。

4

插入冰糕棍，撒上混合燕麦。

5

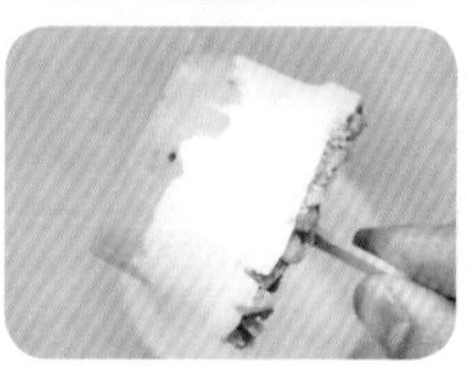

放入冰箱中冷冻一晚后脱模即可。

香草冰激凌

（1份）

这款香草冰激凌可以用来制作思慕雪、奶昔、阿芙佳朵等冰品，真是夏日必备。

英式奶酱材料

蛋黄	3个
细砂糖	8g
牛奶	60ml

其他主料

香草膏	2g
淡奶油	250g

装饰材料

草莓块、杧果丁、覆盆子、蓝莓、迷迭香　各适量

TIPS

1. 英式奶酱是制作冰激凌的基底，蛋黄和细砂糖必须充分打发至体积变大、提起打蛋头有堆叠痕迹。
2. 牛奶加热至60～70℃即可，不用加热至沸腾。
3. 将牛奶倒入蛋黄糊里时，应一边倒入一边用电动打蛋器打匀。
4. 步骤4一定要小火加热，并不停地搅拌，别煮过成蛋花了，煮至牛奶蛋黄糊变浓稠（80～82℃）即可。
5. 淡奶油打至六分发，浓稠且有一点纹路即可。

制作英式奶酱

1

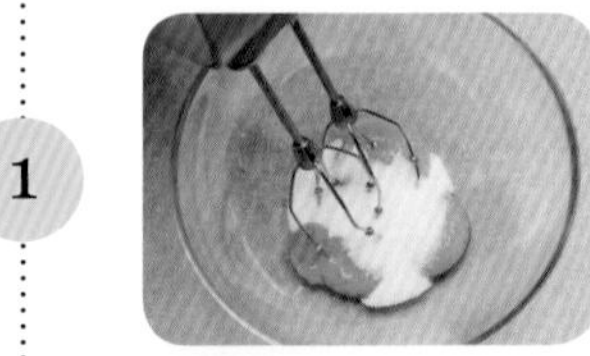
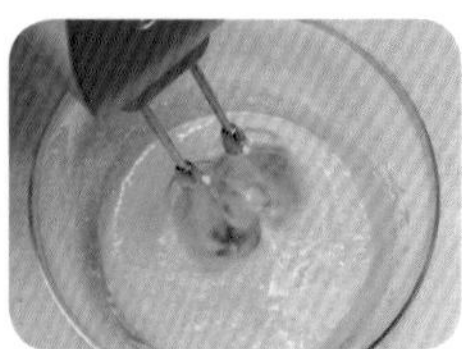
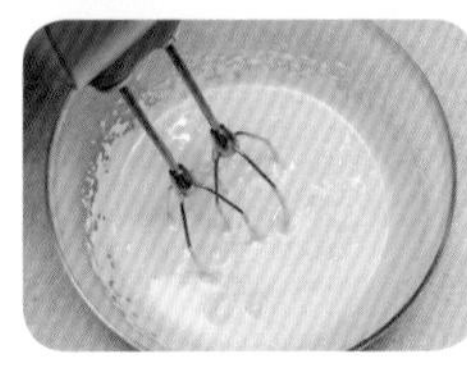

蛋黄和细砂糖放入碗中，用电动打蛋器打至颜色发白、体积变大、提起打蛋头有堆叠痕迹。

牛奶倒入奶锅中，小火加热至60℃左右。

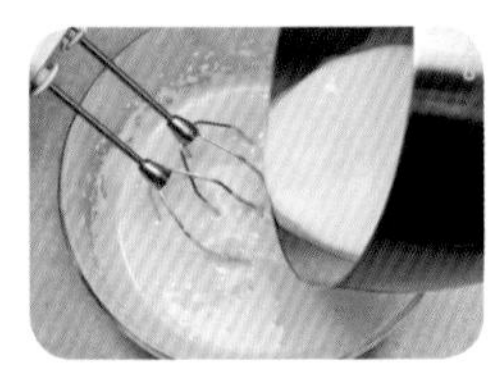

将热好的牛奶慢慢倒入蛋黄糊里，搅打均匀。

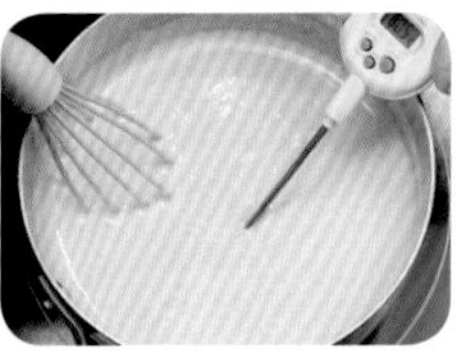

将牛奶蛋黄糊倒回奶锅里，小火加热至80～82℃即可。

5

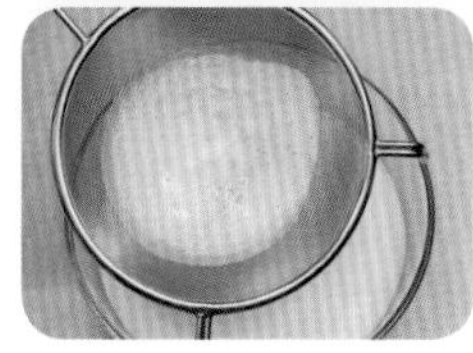

将热好的牛奶蛋黄糊过筛，英式奶酱（约120 g）就制作好了。

完成香草冰激凌

6

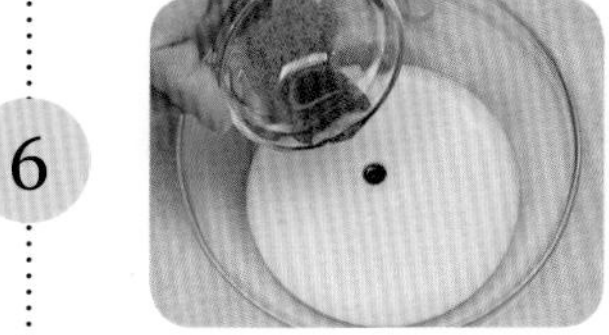

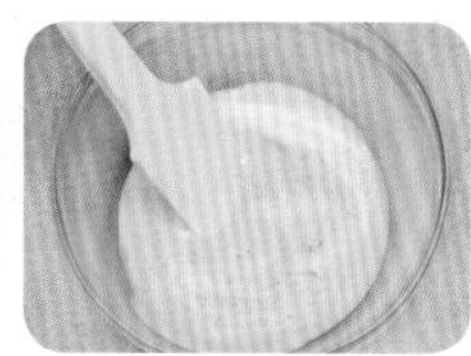

将英式奶酱盛入碗中，加入香草膏，搅拌均匀。

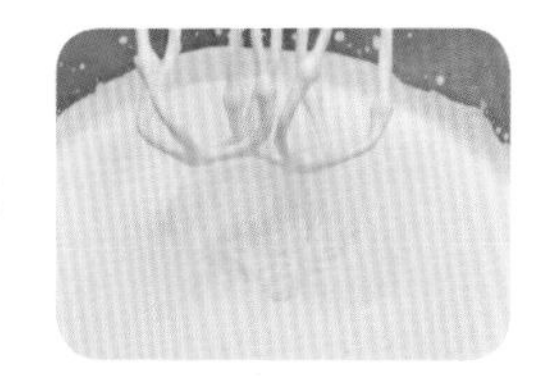

淡奶油打至六分发。

将打发好的淡奶油倒入步骤 6 的材料中，搅拌均匀。

将步骤 8 的材料倒入模具里，放入冰箱中冷冻成冰激凌。在盘子中摆放上装饰水果，用挖球勺挖出冰激凌球放上，点缀上迷迭香即可。

香草冰激凌搭配热咖啡，奏
响了一曲冰与火之歌。

阿芙佳朵

（1份）

主料

焦糖饼干　3块
香草冰激凌（做法见p.130）　1球
浓缩咖啡　60 ml

装饰材料

薄荷叶　少许

做法

1

将1块焦糖饼干擀碎，放入杯底，放上香草冰激凌球和另外2块焦糖饼干，用薄荷叶装饰。

2

淋上浓缩咖啡。

3

可以品尝啦！

粉红甜心冰激凌

（1份）

浪漫的夏季，还有浪漫的一个你，
给我一个粉红的回忆……

主料

英式奶酱（做法见 p.130） 120g
红色果酱（做法见 p.183） 100g
淡奶油 250g

装饰材料

草莓、蓝莓、百里香 各适量

制作英式奶酱

1

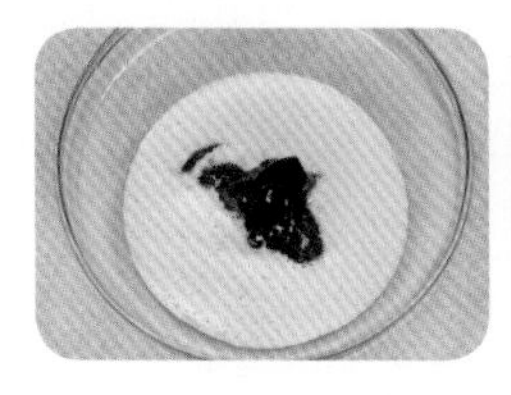

英式奶酱和红色果酱（留1勺备用）在碗中混合，搅拌均匀。

2

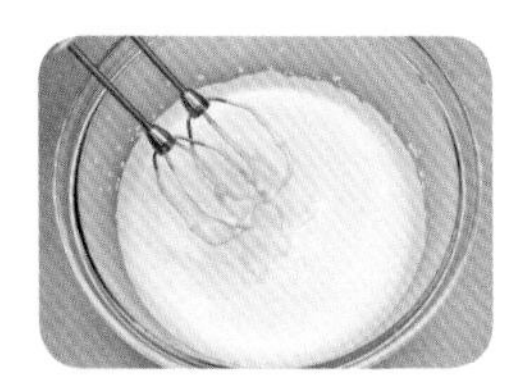

淡奶油打至六分发。

3

向步骤1的材料中加入打发好的淡奶油，搅拌均匀。

4

将步骤3的材料倒入模具里，加入备用的红色果酱。

5

将步骤4的材料放入冰箱中冷冻成冰激凌。用挖球勺挖出1球冰激凌放入容器中，放上切开的草莓、蓝莓，以及百里香点缀即可。

蓝莓桑葚冰激凌

（1份）

用蓝莓、桑葚打造出紫色的冰激凌，凉爽加倍！

主料

英式奶酱（做法见p.130）	120 g
蓝莓桑葚果酱（做法见p.185）	适量
打发好的淡奶油	250 g

装饰材料

蓝莓	适量

TIPS

如果没有果酱，可以用冷冻果泥代替。如果用新鲜水果制果泥，需要加热蒸发一部分水分，否则成品会有冰水口感，不够顺滑。

做法

将英式奶酱和 70 g 蓝莓桑葚果酱在碗中混合，搅拌均匀。

加入打发好的淡奶油，搅拌均匀。

将步骤 2 的材料倒入模具里，放上蓝莓桑葚果酱，用牙签画出大理石花纹效果，放入冰箱中冷冻成冰激凌。用挖球勺挖出冰激凌球摆盘，点缀上蓝莓即可。

和风抹茶冰激凌

（1份）

这款和风抹茶冰激凌就是抹茶控们夏日最好的热爱。

主料

英式奶酱（做法见 p.130） 120 g
白巧克力 35 g
抹茶粉 8 g
打发好的淡奶油 250 g

装饰材料

蜜红豆 适量

TIPS

1. 如果觉得抹茶粉和白巧克力一起化开比较难，也可以将抹茶粉和淡奶油一起打至六分发。
2. 打发好的淡奶油需要分 2 ~ 3 次加入，每加入一次都需要搅拌均匀，然后再加入下一次。如果一次性加入打发好的淡奶油，巧克力抹茶糊里的巧克力会凝固，从而使成品有颗粒。
3. 可以在抹茶冰激凌中添加蜜红豆，使其口感更丰富。

做法

1

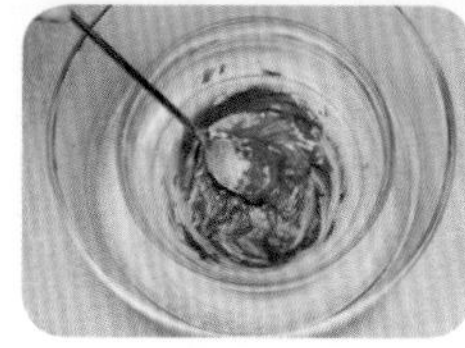

抹茶粉和白巧克力一起放入碗中，隔水化开，搅拌均匀。

加入英式奶酱，搅拌均匀。

分次加入打发好的淡奶油，搅拌均匀。

倒入模具里，放入冰箱中冷冻成冰激凌。用挖球勺挖出冰激凌球摆盘，撒上适量蜜红豆后品尝即可。

混合口味冰激凌

面对冰激凌，谁都无须做选择！

焦糖冰激凌

（1份）

主料

英式奶酱（做法见 p.130）　120 g
焦糖酱　70 g
打发好的淡奶油　250 g

装饰材料

香草豆荚　1根

TIPS

焦糖酱可以使用现成的，也可以自己制作：将40 g细砂糖和10 ml清水小火加热，熬成焦糖。在熬焦糖的同时，将45 g淡奶油和1 g海盐混合，小火加热至50 ℃，趁热倒入焦糖里，不停搅拌，重新煮至沸腾即可。焦糖酱可以多熬一点儿，因为会有损耗，剩余的焦糖酱可以密封冷藏保存。

做法

1
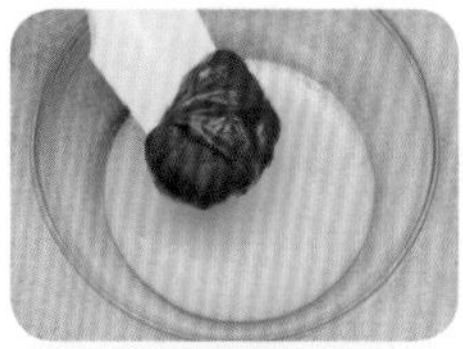

英式奶酱放入碗中，加入焦糖酱，搅拌均匀。

2

加入打发好的淡奶油，搅拌均匀。

3

倒入模具里，放入冰箱中冷冻成冰激凌。可点缀香草豆荚食用。

杧果百香果冰激凌

（1份）

主料

英式奶酱（做法见p.130）	120g
杧果干	30g
百香果果酱（做法见p.181）	60g
打发好的淡奶油	250g

做法

1

英式奶酱和百香果果酱一起放入碗中，搅拌均匀。

2

加入打发好的淡奶油，搅拌均匀。

3

在模具里倒入一半冰激凌糊，撒上部分杧果干。

4

倒入剩下的冰激凌糊，撒上剩余的杧果干装饰，放入冰箱中冷冻成冰激凌。

炸弹巧克力冰激凌

（1份）

主料

英式奶酱（做法见p.130）	120 g
黑巧克力	50 g
可可粉	12 g
巧克力脆珠	25 g
打发好的淡奶油	250 g

（做法见p.130）

TIPS

1. 如果觉得可可粉和黑巧克力一起化开比较困难，也可以将可可粉和淡奶油一起打至六分发。
2. 需要分 2 ~ 3 次加入打发好的淡奶油，每加入一次都需要搅拌均匀后再加入下一次。如果一次性加入打发好的淡奶油，巧克力可可糊里的巧克力会凝固，使成品有颗粒。
3. 添加巧克力脆珠后，品尝冰激凌时会有脆脆的口感，没有也可以不放。

做法

1. 可可粉和黑巧克力一起放入碗中，隔水化开，搅拌均匀。
2. 加入英式奶酱，搅拌均匀。
3. 分次加入打发好的淡奶油，搅拌均匀。
4. 将冰激凌糊倒入模具里，撒入巧克力脆珠，放入冰箱中冷冻成冰激凌。

Part 5

清爽甜蜜
冰点

粉白相间，漂亮得让人舍不得品尝。

杂莓奇亚籽布丁

（2杯）

主料

奇亚籽	20g
酸奶	200g
蓝莓	40g
草莓块	100g
覆盆子	30g
香蕉（切段）	1根
细砂糖	15g

装饰材料

蓝莓、草莓、覆盆子、薄荷叶、奶油　各适量

做法

1

奇亚籽和酸奶放入碗中混合均匀，放入冰箱中冷藏20～30分钟，备用。

2

蓝莓、草莓块、覆盆子、香蕉段、细砂糖一起放入料理机里打匀。

将步骤 2 的材料倒入杯子里，至杯子 1/4 的高度。

加入冷藏好的酸奶奇亚籽。

倒入剩余的步骤 2 的材料，将杯子填满，放入冰箱中冷藏保存。食用时将布丁取出，摆上对半切开的草莓、蓝莓、覆盆子、薄荷叶，挤上奶油装饰即可。

TIPS

1. 酸奶应选用浓稠的。如果是自制酸奶，需要加入 10 ~ 15 g 细砂糖混合均匀后冷藏。

2. 奇亚籽经过浸泡，与酸奶混合可以形成布丁状态。

2. 3 种莓果也可以换成其他水果。加入香蕉一起搅打，会让液体更浓稠。

4. 这款布丁可以添加一些燕麦拌着吃哟！

法式焦糖巧克力挞

（4个）

焦糖酱搭配香浓丝滑的巧克力甘纳许，再加上酥脆的可可挞底，让人回味无穷！

挞皮材料

T55 面粉	95 g
可可粉	10 g
糖粉	40 g
杏仁粉	20 g
盐	1 g
黄油	60 g
全蛋液	20 g

巧克力甘纳许材料

70.5% 黑巧克力	85 g
淡奶油	90 g
柑曼怡力娇酒	2 ml

其他材料

焦糖酱	120 g
打发好的淡奶油	150 g

特殊工具

小号椭圆形挞圈	4 个
10 齿中号裱花嘴	1 个

制作挞皮

1

T55 面粉、可可粉、糖粉、杏仁粉、黄油、盐一起放入绞肉机里，打至呈沙砾状后加入全蛋液继续搅打成团，放入冰箱中冷藏 1 小时以上。

2

面团冷藏好后，擀成 3 mm 厚的面皮，切出 4 个宽 1.7 cm、长 23 cm 的长条形面片，剩余的面皮用挞圈压出 4 个椭圆形面片。

3

将挞圈放入铺好带孔硅胶垫的烤盘中，将椭圆形面片放入挞圈底部，将长条形面片围在挞圈内壁上，把多余的部分切掉。

4

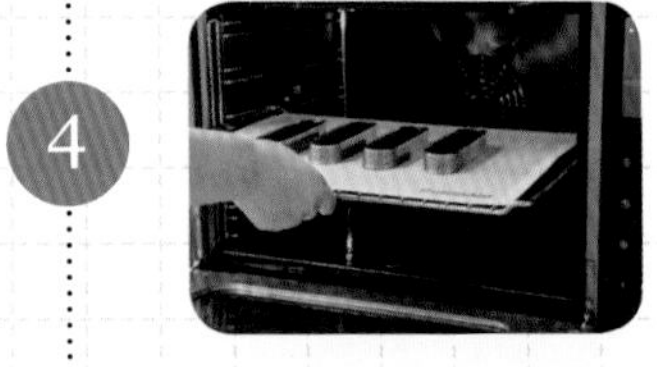

将烤盘放入预热好的烤箱中，用热风功能以 150 ℃烤 23 分钟。

5

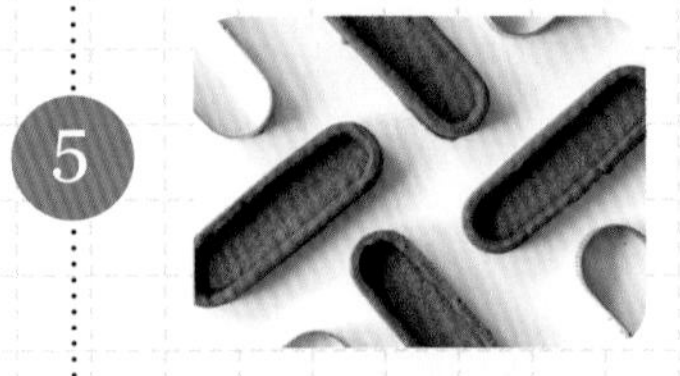

烤好取出放凉后脱模，挞皮就完成了。

6

在每个挞皮里挤入 10 g 焦糖酱，冷藏备用。

制作巧克力甘纳许

将淡奶油加热至50 ~ 55 ℃，倒入碗中，加入黑巧克力，搅拌至黑巧克力溶化。

加入柑曼怡力娇酒，搅拌均匀，巧克力甘纳许就完成了。

完成法式焦糖巧克力挞

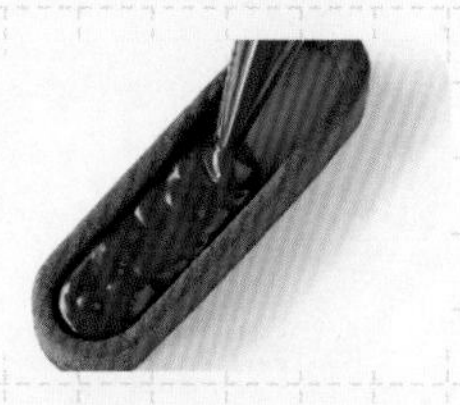

在挞皮里的焦糖酱上挤满巧克力甘纳许，放入冰箱中冷藏，让甘纳许凝固。

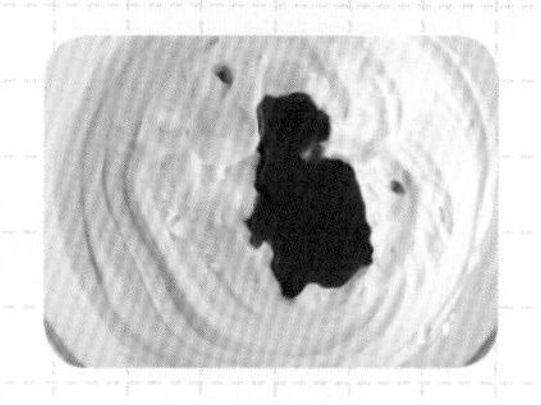

将打发好的淡奶油与剩下的焦糖酱搅拌均匀后装入装了裱花嘴的裱花袋里。

取出焦糖巧克力挞，均匀地挤上焦糖奶油装饰即可。

TIPS

1. 黄油应选用无盐黄油，如果没有绞肉机，可以参考 p.161“蓝莓奶酪挞”步骤 1 ~ 3 制作挞皮面团。
2. 带孔挞圈透气性好，用它制作挞皮不易回缩，烘烤时受热更均匀，便于脱模。
3. 使用带孔硅胶垫烘烤，可以防止挞皮鼓起来。如果使用的是传统的挞模、派模，则需要用叉子插洞和垫重石。
4. 制作巧克力甘纳许的淡奶油温度不能超 60 ℃。如果没有柑曼怡力娇酒，可以不放，也可以用黑朗姆酒代替，只是风味有一点儿不一样。
5. 用不完剩下的挞皮面团密封后放入冰箱中可以冷冻保存 1 个月。
6. 焦糖酱可以自制也可以用现成的，因为焦糖酱本身带甜，所以打发淡奶油时用的细砂糖可以比平时减量。

法式柠檬挞

（6个）

这是一款极受欢迎的法式挞类甜品。它颜色亮丽、味道清爽，怎么吃都不会腻。

挞皮材料

T55 面粉	120 g
糖粉	46 g
杏仁粉	25 g
盐	1 g
黄油	70 g
鸡蛋	23 g

柠檬蛋酱材料

柠檬	1 个
柠檬汁	35 ml
细砂糖	40 g
鸡蛋	68 g
玉米糖浆	12 ml
黄油	35 g

装饰材料

打发好的淡奶油、糖粉、柠檬皮屑　各适量

特殊工具

直径 5 cm 的圆形带孔挞圈　6 个

制作挞皮

1. 将 T55 面粉、糖粉、杏仁粉、黄油、盐一起放入绞肉机里，打至呈沙砾状。

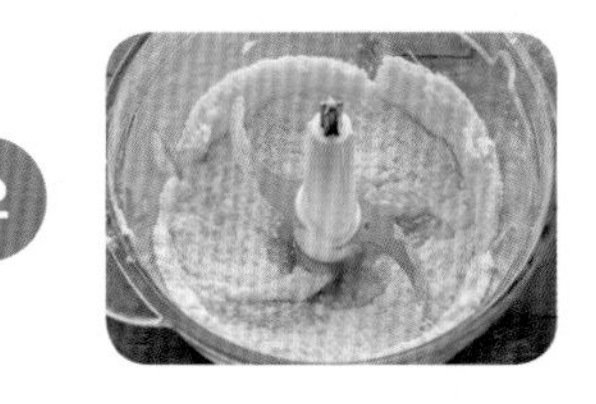

2. 放入打散的鸡蛋，搅打成团，放入冰箱中冷藏 1 小时以上。

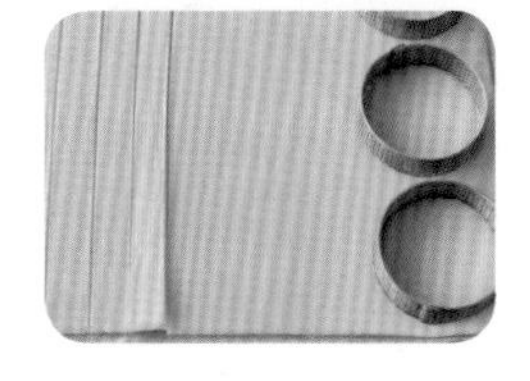

3. 取出冷藏好的面团，擀成 3 mm 厚的面皮，切出 6 个宽 1.7 cm、长 15.5 cm 的长条形面片，剩余面皮用挞圈压出 6 个圆形面片。

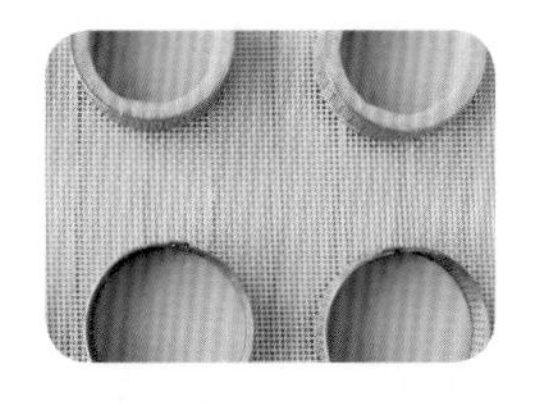

4. 将挞圈放入铺好带孔硅胶垫的烤盘中，将圆形面片放入挞圈底部，长条形面片围在挞圈内壁上，把多余的部分切掉。

5

将烤盘放入预热好的烤箱中，用热风功能以 150 ℃烤 20 分钟，烤至挞皮呈金黄色即可。

取出烤盘，将烤好的挞皮放凉后脱模。

制作柠檬蛋酱

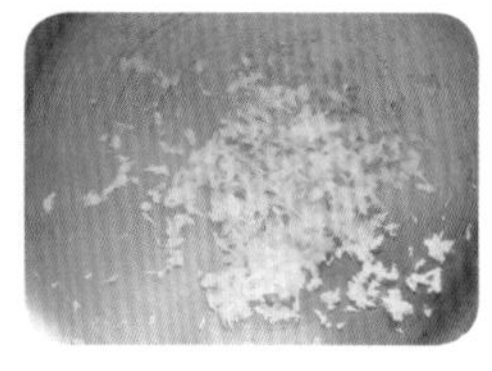

刮出柠檬皮屑。

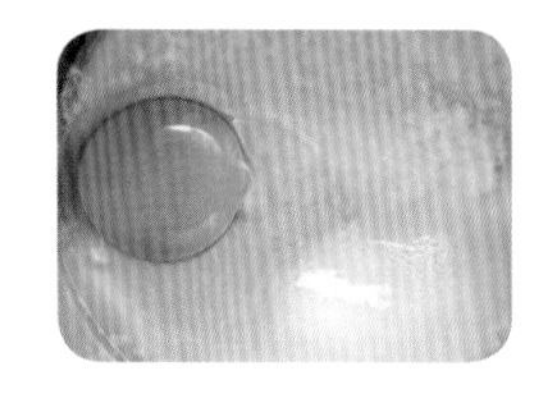

奶锅里加入柠檬汁、鸡蛋、细砂糖、玉米糖浆，搅打均匀后小火加热。

边加入柠檬皮屑边搅拌，煮至 80 ~ 82 ℃，液体变浓稠后关火。

锅中液体降至 50 ~ 60 ℃后加入黄油，搅拌均匀后过筛，即成柠檬蛋酱。

完成法式柠檬挞

11

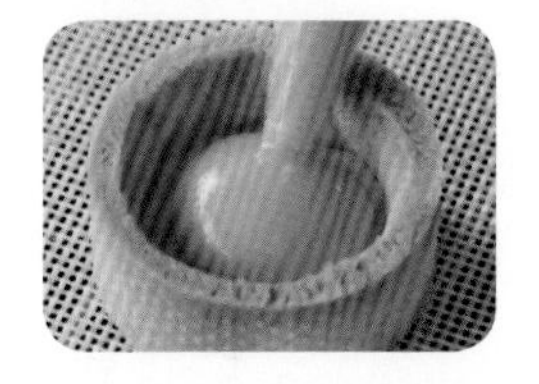

趁温热时将柠檬蛋酱挤入烤好的挞皮里，放入冰箱中冷藏1小时以上。

12

在凝固的柠檬蛋酱上挤上打发好的淡奶油。

13

撒上糖粉、柠檬皮屑装饰即可。

TIPS

1. 挞皮的黄油应选用无盐黄油。
2. 如果没有绞肉机，可以参考 p.161“蓝莓奶酪挞”步骤 1 ~ 3 制作挞皮面团。
3. 带孔挞圈透气性好，可以使挞皮不易回缩，烘烤时受热更均匀，便于脱模。
4. 用带孔硅胶垫烘烤，可以防止挞皮鼓起来。如果使用的是传统的挞模，则需要用叉子插洞和垫重石。
5. 煮柠檬蛋酱时一定要小火加热，并不断地搅拌，以免烫熟鸡蛋。
6. 过筛柠檬蛋酱可以使其口感更顺滑、细腻。要趁温热将柠檬蛋酱挤在挞皮里，这样柠檬蛋酱球才会圆润，因为柠檬蛋酱冷却后会凝固。
7. 用不完的挞皮面团密封后放入冰箱中可以冷冻保存 1 个月。

法式香芋奶酪挞

（4个）

香芋跟奶酪搭配，无论味道还是颜色，都带给人小清新的感觉。

挞皮材料

T55 面粉	105 g
糖粉	40 g
榛子粉	20 g
盐	1 g
黄油	60 g
全蛋液	20 g

香芋奶油馅材料

蒸熟的香芋	120 g
淡奶油	45 g
牛奶	40 ml
细砂糖	22 g
黄油	5 g

奶酪馅材料

奶油奶酪	95 g
淡奶油	35 g
细砂糖	15 g

装饰材料

打发好的淡奶油	约 100 g
迷迭香	适量

特殊工具

8 cm×8 cm 正方形带孔挞圈	4 个

制作挞皮

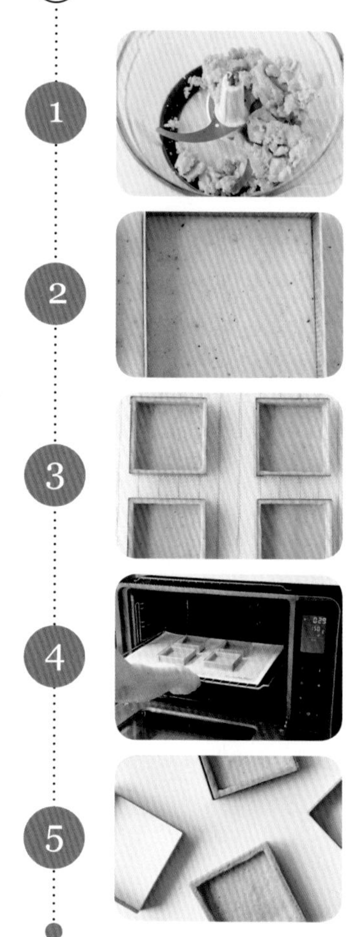

1. 将 T55 面粉、糖粉、榛子粉、黄油、盐一起放入绞肉机里，打至呈沙砾状后加入全蛋液继续搅打成团，将面团放入冰箱中冷藏 1 小时以上。
2. 将冷藏好的面团擀成 3 mm 厚的面皮，切出 4 个宽 1.7 cm、长 8 cm 的长条形面片后，将剩余面皮用挞圈压出 4 个正方形面片。
3. 将挞圈放入铺好硅胶垫的烤盘中，将正方形面片放入挞圈底部，长条形面片围在挞圈内壁上，把多余的部分切掉。
4. 将烤盘放入预热好的烤箱中，用热风功能以 150 ℃烤 23 分钟，烤至挞皮呈金黄色即可。
5. 取出烤盘，将烤好的挞皮放凉后脱模。

制作香芋奶油馅

向蒸熟的香芋中趁热加入黄油和细砂糖混合均匀。

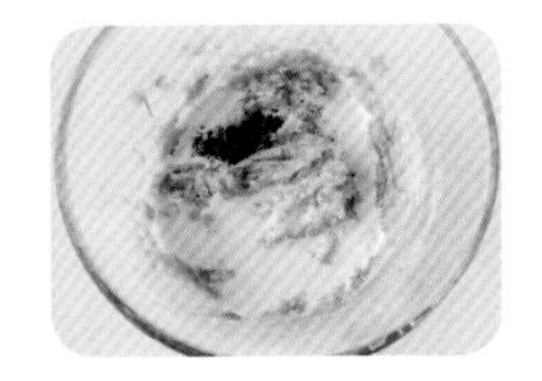

加入牛奶和淡奶油搅拌均匀（颜色不够浓的话，可以加一点紫薯粉）。

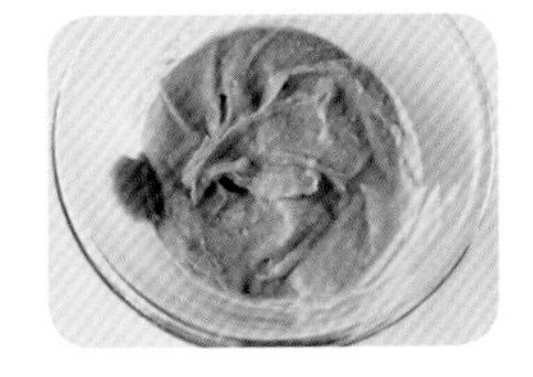

搅拌好后过筛，香芋奶油馅完成。

完成法式香芋奶酪挞

将香芋奶油馅装入裱花袋里，均匀地挤在挞皮里（每个挞皮挤 30 g 左右，挤至挞皮深度大概一半的位置），放入冰箱中冷藏备用。

10

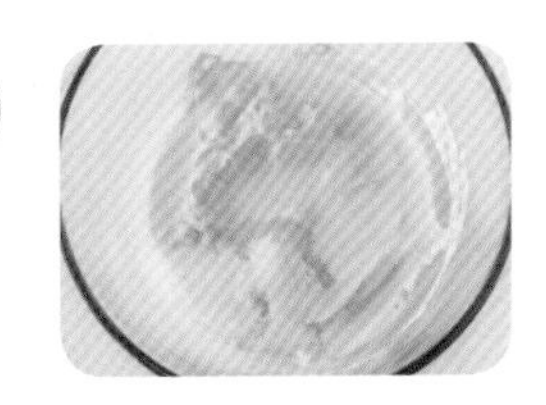

将奶酪馅材料的奶油奶酪软化后加入淡奶油和细砂糖，搅拌均匀成奶酪馅。

11

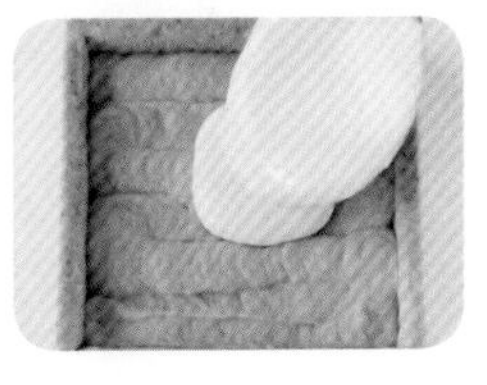

取出步骤 9 的挞皮，在香芋奶油馅上填满奶酪馅后再冷藏 1 小时以上。

12

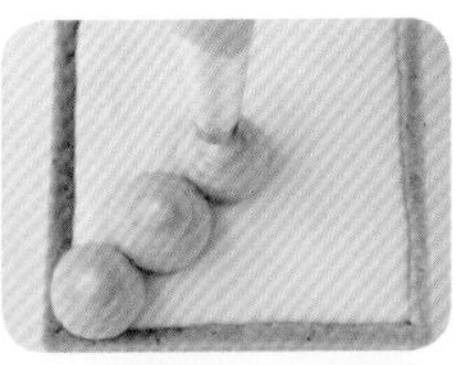

给裱花袋装上圆形的裱花嘴，将剩下的香芋奶油馅与打发好的淡奶油交错挤在挞顶部，再点缀迷迭香装饰即可。

TIPS

1. 参见 p.155“法式柠檬挞”TIP1 ~ 4。
2. 制作好的香芋奶油馅需要过筛，这样口感才会顺滑细腻。紫薯粉只是调色用，应一点点地加入，将香芋奶油馅调成自己喜欢的颜色。
3. 奶油奶酪可以隔水软化，也可以用微波炉加热一下。
4. 这款法式香芋奶酪挞随意交错地挤上两种奶油装饰就可以了。
5. 用榛子粉制作的挞皮味道更香浓。如果没有榛子粉，也可以用杏仁粉代替。

新鲜饱满的蓝莓和奶酪相得益彰，蓝莓奶酪挞的香浓格外诱人。

蓝莓奶酪挞

（8寸）

挞皮材料

软欧面粉	120 g
糖粉	46 g
杏仁粉	25 g
盐	1 g
黄油	70 g
全蛋液	23 g

奶酪糊材料

奶油奶酪	200 g
细砂糖	40 g
淡奶油	80 g
牛奶	20 ml
低筋面粉	15 g
鸡蛋	1个
蛋黄	1个
柠檬汁	10 ml

其他材料

新鲜蓝莓	适量

特殊工具

8寸菊花挞模	1个

制作挞皮

黄油切丁，放入碗中，加入盐和糖粉，用电动打蛋器打匀。

加入杏仁粉和全蛋液，用电动打蛋器打匀。

筛入软欧面粉，用刮刀翻拌均匀即可。将面团放入冰箱中冷藏1小时以上。

取出冷藏好的面团，将其擀成厚3 mm、直径约25 cm的圆形面皮，放入挞模里，用手轻轻整形，用刮板把多余的面皮切掉。

用叉子在挞皮上戳洞，以防烘烤时挞皮鼓起。将挞皮放入冰箱中冷藏备用。

制作奶酪糊

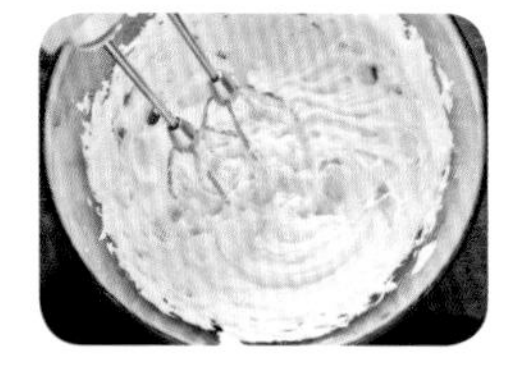

奶油奶酪软化后加入细砂糖，用电动打蛋器打匀。

加入淡奶油和牛奶，搅拌均匀。

筛入低筋面粉，翻拌均匀。

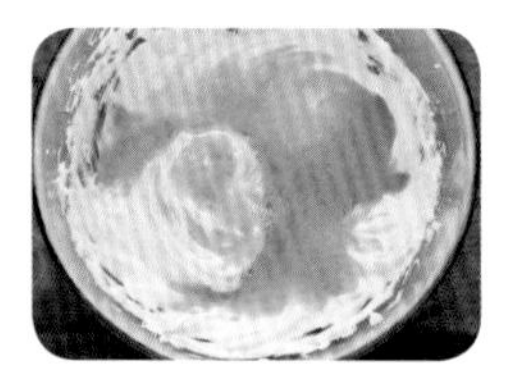

加入鸡蛋和蛋黄，搅拌均匀。

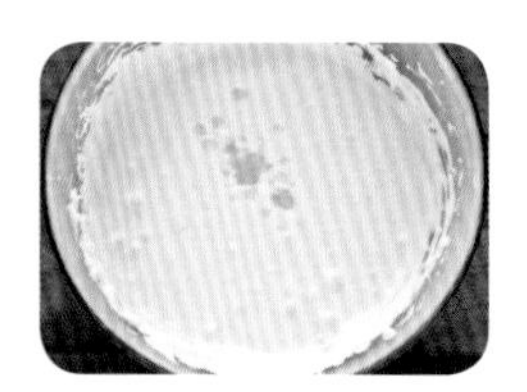

加入柠檬汁，搅拌均匀。

过筛，奶酪糊就完成了。

完成蓝莓奶酪挞

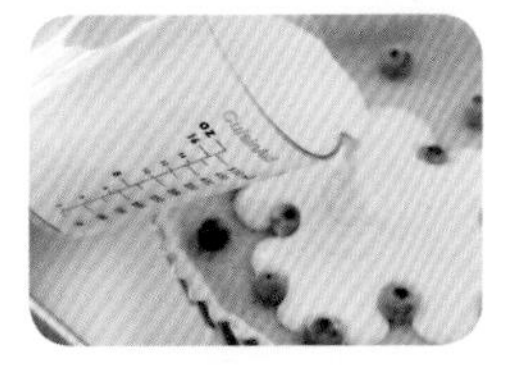

将装有挞皮的挞模放入烤盘里，在挞皮里放入蓝莓，倒入奶酪糊。

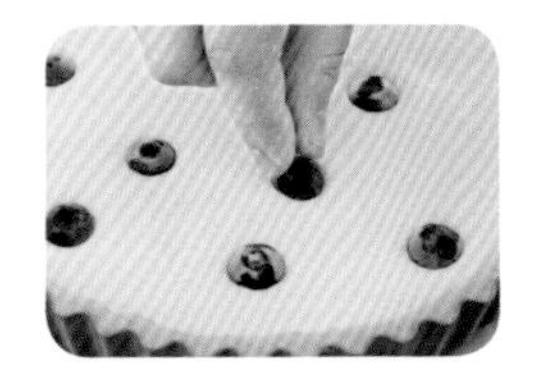

在奶酪糊上放上蓝莓。

将烤盘放入预热好的烤箱中层，以上火170 ℃、下火200 ℃烘烤35分钟。

蓝莓奶酪挞烤好后出炉，放凉脱模，冷藏2小时后切块即可。

TIPS

1. 黄油不需要软化，从冰箱中取出直接切丁就可以。黄油用电动打蛋器以低速搅打至打匀即可，不需要打发。
2. 我用了软欧面粉，挞皮更硬挺。没有的话，可以用低筋面粉或者T55面粉代替。
3. 加入杏仁粉会让挞皮酥香，没有的话，可以用低筋面粉代替，但建议还是尽量使用杏仁粉。
4. 由于我是将挞坯放在烤盘里烘烤的，所以下火需要200 ℃。如果直接放烤网上烘烤，上下火都是170 ℃即可。
5. 在烘烤的过程中，蓝莓奶酪挞会慢慢地发起，然后均匀上色，出炉放凉后厚度会慢慢下降一点，这是正常的。
6. 新鲜蓝莓也可以换成蓝莓酱，或者用新鲜草莓、覆盆子代替。

蜜桃奶酪慕斯

（6寸）

慕斯包裹着果冻，果冻中镶嵌着水蜜桃丁，这款蜜桃奶酪慕斯口感极为丰富。

果冻材料

水蜜桃泥	75 g
细砂糖	5 g
柠檬汁	5 ml
吉利丁片	1.5 g
水蜜桃丁	70 g
冰水	适量

慕斯材料

马斯卡彭奶酪	150 g
细砂糖	35 g
酸奶	150 g
吉利丁片	7 g
淡奶油	150 g
朗姆酒	5 ml
冰水	适量

其他材料

粉色色素、黄色色素、黑巧克力　各适量

特殊工具

4 寸 Hello Kitty 硅胶模具、6 寸 Hello Kitty 硅胶模具　各 1 个

制作果冻

1

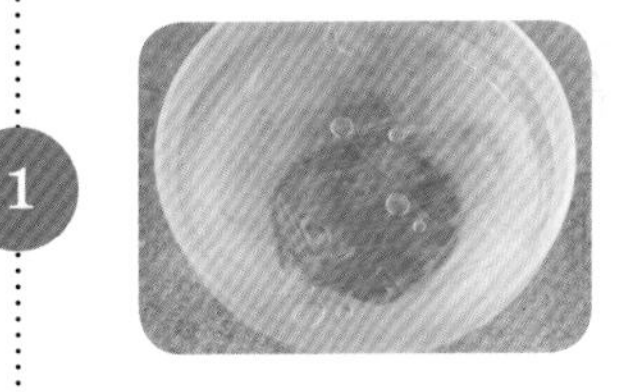

吉利丁片用冰水泡软后沥干水，备用。

2

水蜜桃泥、细砂糖、柠檬汁一起放入锅里加热至 40 ℃，放入泡好的吉利丁片，搅拌至吉利丁溶化后加入水蜜桃丁。将所有材料倒入 4 寸的 Hello Kitty 硅胶模具里，放入冰箱中冷冻成果冻，备用。

制作慕斯糊

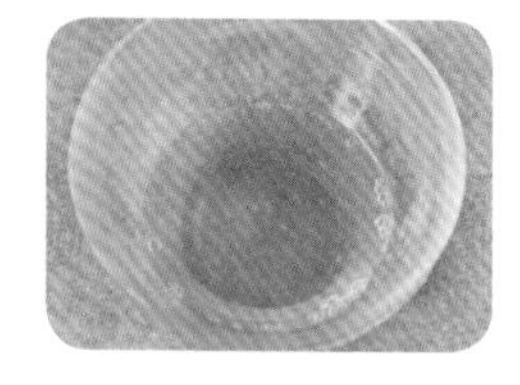

吉利丁片用冰水泡软，沥干，隔水化开，备用。

马斯卡彭奶酪和细砂糖、酸奶一起搅打均匀至没有颗粒。

倒入化开的吉利丁液，搅拌均匀。

将淡奶油打至七分发，加入步骤 5 的材料中翻拌均匀。

加入朗姆酒，翻拌均匀，慕斯糊完成。

TIPS

1. 水蜜桃泥用新鲜的水蜜桃制取，其颜色取决于桃肉的颜色，所以应挑选果肉颜色较深的水蜜桃。也可以买冷冻桃子泥代替。
2. 果冻需要提前一天制作，冷冻一晚后脱模使用。
3. 由于这款慕斯蛋糕使用的是立体模具，所以蝴蝶结的位置是倾斜的，需要在硅胶模具下面垫一个慕斯圈，让硅胶模具的蝴蝶结可以平衡。
4. 每填好一种颜色的慕斯糊，都需要让其冷冻凝固后才能再填另外一种颜色的，否则会把两种颜色的慕斯糊混在一起。
5. 这款慕斯蛋糕使用硅胶模具制作，所以需要在 −24 ℃冷冻 4 小时以上，让慕斯蛋糕完全变硬后才能脱模。如果冷冻时间不够或者冰箱的冷冻温度不够低，会影响脱模的效果。
6. 慕斯蛋糕脱模后需要冷藏保存。

完成蜜桃奶酪慕斯

8

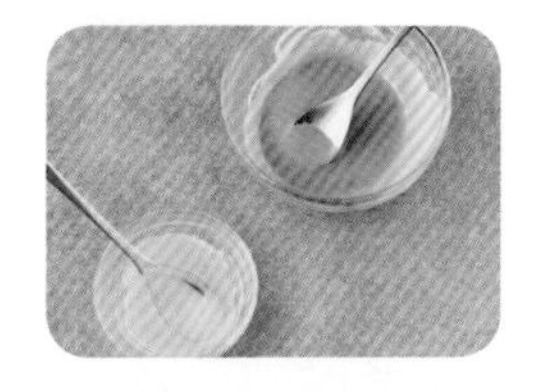

取一点慕斯糊分别加入粉红色和黄色色素，调成粉红色和黄色慕斯糊。

9

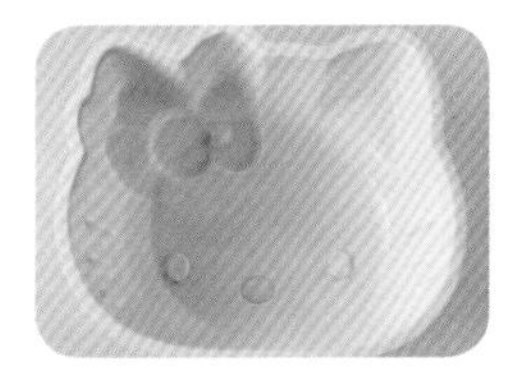

在硅胶模具的鼻子部分填入黄色慕斯糊，将硅胶模具放入冰箱中冷冻5分钟，让黄色慕斯糊凝固。

10

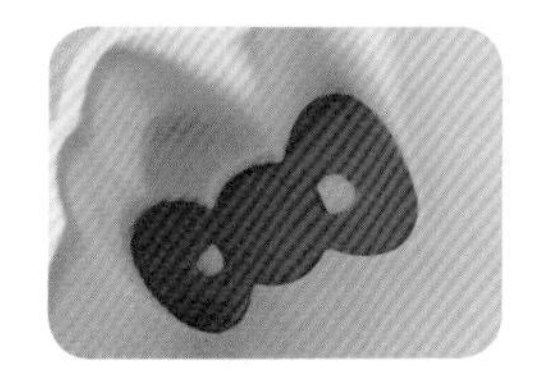

取个慕斯圈固定硅胶模具，让硅胶模具的蝴蝶结部分可以平衡。在蝴蝶结部分填满粉红色慕斯糊，将模具放入冰箱中冷冻8分钟，让粉红色慕斯糊凝固。

11

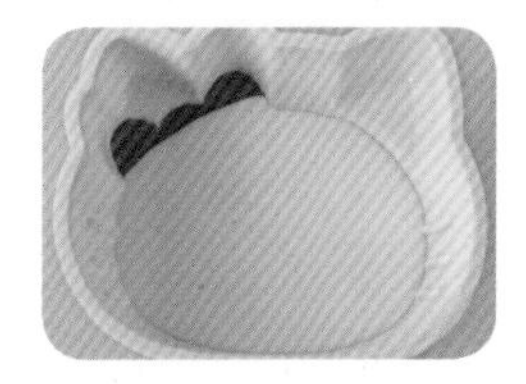

取出模具，倒入1/3的慕斯糊，放入冰箱中冷冻15分钟。

12

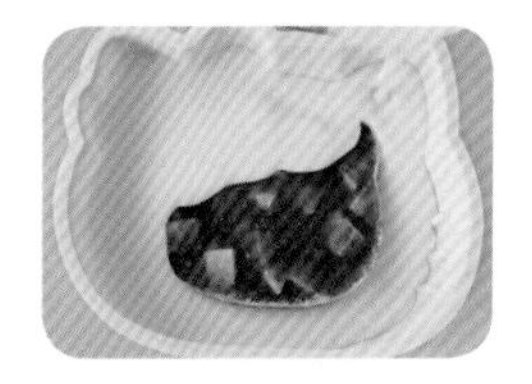

取出冷冻好的果冻脱模，将其放在凝固的慕斯上，倒入剩下的慕斯糊。

13

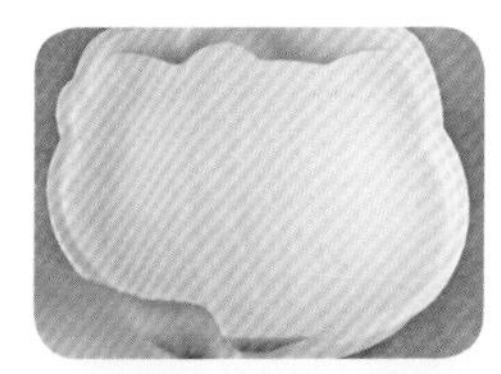

放入冰箱中冷冻4小时以上后脱模：先掰开四周，然后把模具反过来，慕斯蛋糕就可以轻松地脱模了。

14

融化黑巧克力，填上眼睛和胡须即可。

西瓜慕斯

（6 寸正方形）

炎炎夏日和西瓜很配，和西瓜慕斯更配！

果冻材料

西瓜	80 g
细砂糖	8 g
吉利丁片	2.5 g

蛋糕底材料

鸡蛋	2 个
细砂糖	60 g
低筋面粉	60 g
抹茶粉	3 g
无盐黄油	18 g
牛奶	30 g

慕斯糊材料

蛋黄	1 个
细砂糖	20 g
香草豆荚	1/2 根
牛奶	100 g
吉利丁片	2.5 g
淡奶油	150 g

装饰材料

奶油	适量

特殊工具

直径 3 cm 的半圆球硅胶模具、星星状裱花嘴　　各 1 个

制作果冻

将吉利丁片放入冰水中泡软，备用。

将西瓜和细砂糖放进料理机中，榨汁。

3

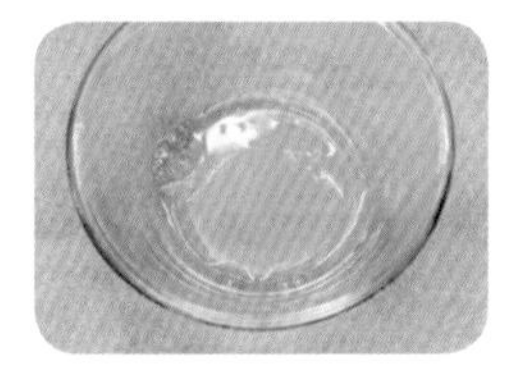

捞起泡好的吉利丁片，沥干水，再隔水化开。

向化开的吉利丁中加入西瓜汁，搅拌均匀。

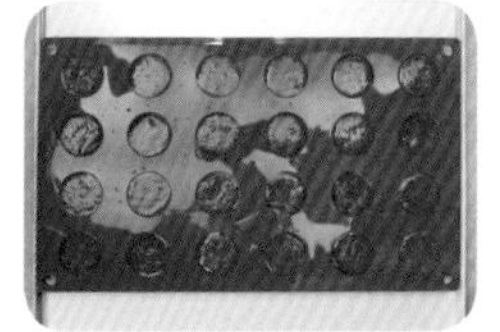

将步骤 4 的材料倒入硅胶模具里，放入冰箱中冷冻一晚。

制作蛋糕底

6

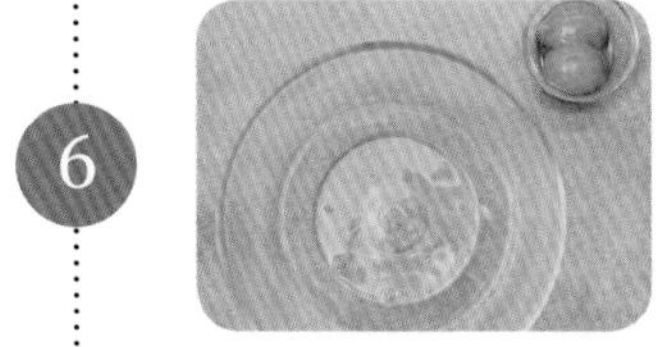

将鸡蛋的蛋白和蛋黄分离，蛋白放入打蛋盆里，蛋黄放入小碗里，备用。

7

无盐黄油和牛奶混合，隔水化开。

8

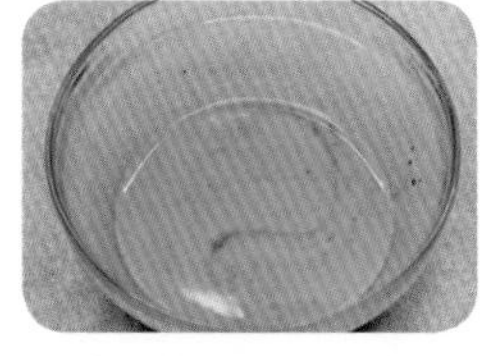

向步骤 7 的材料中筛入抹茶粉，搅拌均匀，以 30 ℃保温，制成黄油抹茶牛奶，备用。

9

蛋白中一次性加入细砂糖，打至九分发。

10

向步骤 9 的材料中加入蛋黄，用电动打蛋器搅打均匀。

11

筛入低筋面粉，翻拌均匀。

12

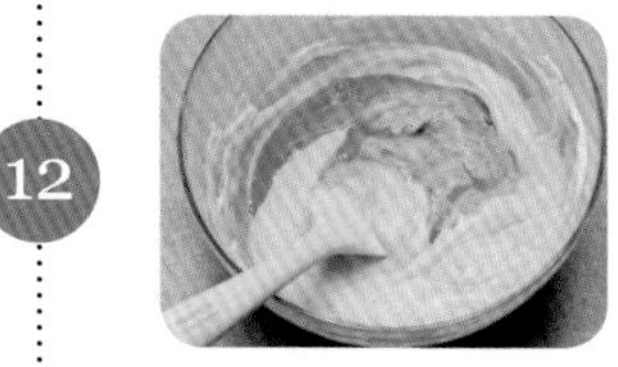

倒入步骤 8 的温热的黄油抹茶牛奶，翻拌均匀。

13

将步骤 12 的蛋糕糊倒入垫好油布的烤盘里，抹平。

14

将烤盘放入预热好的烤箱中层以 185 ℃烤 13 分钟。

15

出炉后将蛋糕放在晾网上，铺上油纸，将蛋糕扣过来，撕掉油布，放凉。

制作慕斯糊

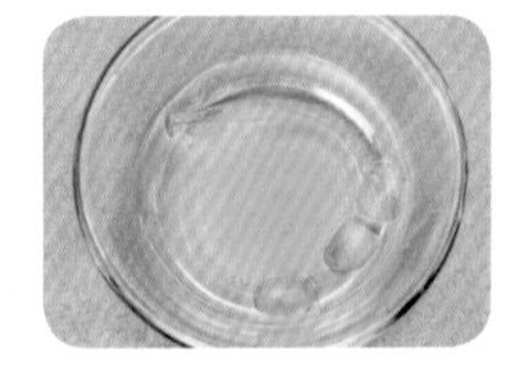

将吉利丁片放入冰水中泡软，沥干，备用。

将蛋黄和细砂糖放入奶锅里，搅打均匀。

18

加入牛奶，搅拌均匀。

19

切开香草豆荚，刮出籽，将豆荚放入奶锅里。

20

小火加热，不断搅拌，煮至浓稠（80 ~ 82℃）即可，捞出香草豆荚。

21

将步骤 20 的食材放凉至 50℃左右，放入沥干的吉利丁片，搅拌均匀。

22

将淡奶油打至六分发。

23

将打发的淡奶油与步骤 21 的蛋黄糊混合，搅拌均匀，慕斯糊完成。

TIPS

1. 这款西瓜慕斯的慕斯糊是按照做冰激凌的方法制作的，成品还搭配了用新鲜西瓜做成的果冻，夏天不要错过哟！
2. 果冻需要提前一天制作，冷冻一晚后脱模。如果没有半圆球硅胶模具，可以用挖球勺挖新鲜西瓜球装饰蛋糕。

完成西瓜慕斯

24. 用 6 寸正方形慕斯模具切出 2 片蛋糕。

25. 给慕斯模具包一层保鲜膜。

26. 在慕斯模具中放入一片蛋糕片，倒入 1/3 慕斯糊，放入冰箱中冷冻 30 分钟。

27. 取出冷冻好的模具，在其内壁贴上冷冻好的西瓜果冻，倒入剩下的慕斯糊。

28. 放上 1 片蛋糕，冷藏 4 小时以上，脱模。

29. 在脱模后的蛋糕顶部放上剩下的半圆球状的西瓜果冻。给裱花袋装上星星状裱花嘴，将奶油装入裱花袋中，在蛋糕顶部挤上星星奶油装饰即可。

覆盆子草莓慕斯

（5寸）

这款慕斯制作简单，外表惊艳，真是美味又时尚！

主料

草莓　6颗（约150 g）
覆盆子　50 g
酸奶　80 g
淡奶油　120 g
细砂糖　40 g

装饰材料

黑树莓、覆盆子、奶油、薄荷叶、糖粉　各适量

TIPS

1. 这款慕斯没有使用吉利丁片作为凝固剂，所以材料需要装在杯里。如果需要做蛋糕模，可添加5 g吉利丁片。
2. 做这款甜点宜选用浓稠的酸奶，不宜选用稀的酸奶。
3. 甜品制作完成后，冷冻3小时，再淋上打至六分发的淡奶油，会拥有冰激凌般的口感。

做法

1

覆盆子、酸奶、细砂糖倒入搅拌机里，搅打均匀。

2

淡奶油打至七分发，加入覆盆子草莓酸奶，用刮刀翻拌均匀，即为慕斯糊。

3

草莓切成块。杯里倒入一半慕斯糊，加入1/3草莓块，再倒入剩余的慕斯糊。

摆上剩下的草莓块，冷藏一晚。取出覆盆子草莓慕斯，挤上奶油，摆上装饰水果和薄荷叶即可。

抹茶慕斯拥有独特的香味和细腻的口感，抹茶控千万不能错过。

抹茶慕斯蛋糕

（6个）

主料

奶油奶酪	180 g
细砂糖	45 g
吉利丁片	6 g
抹茶粉	10 g
淡奶油	170 g
牛奶	60 ml

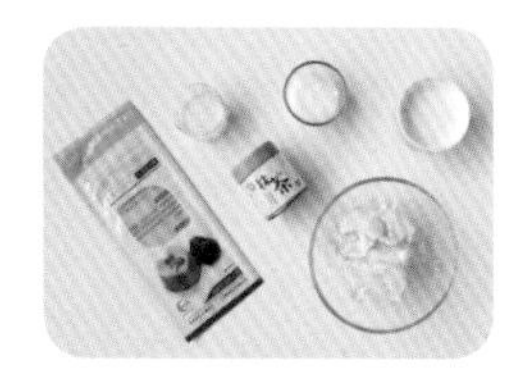

做法

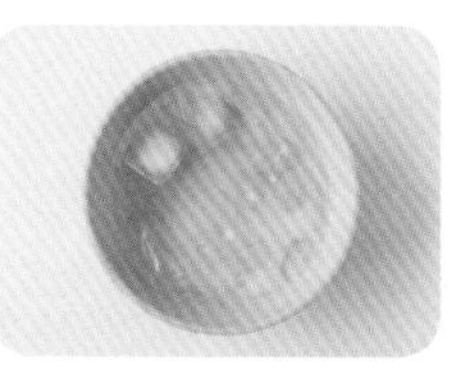

吉利丁片放入冷水中泡软，备用。

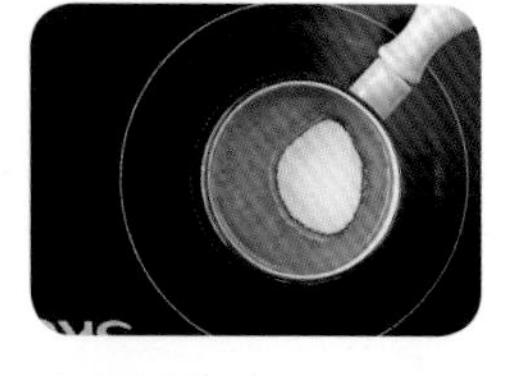

抹茶粉、牛奶和细砂糖倒入奶锅中，小火加热至细砂糖溶化（约 40 ℃）后关火，搅拌均匀。

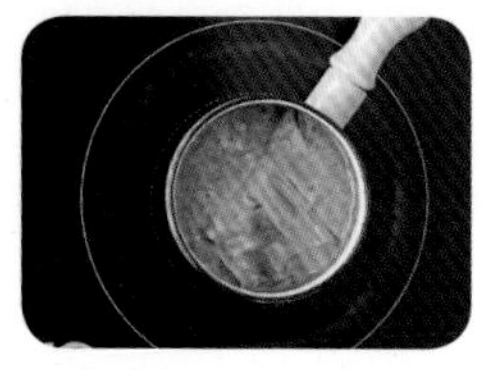

加入沥干水的吉利丁片，隔水化开。

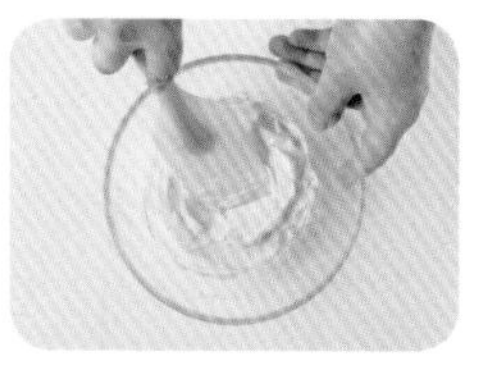

奶油奶酪室温软化，用刮刀翻拌均匀。

加入抹茶牛奶，翻拌均匀。

淡奶油打至七分发。将抹茶奶酪糊过筛，加入打发好的淡奶油中，搅拌均匀。

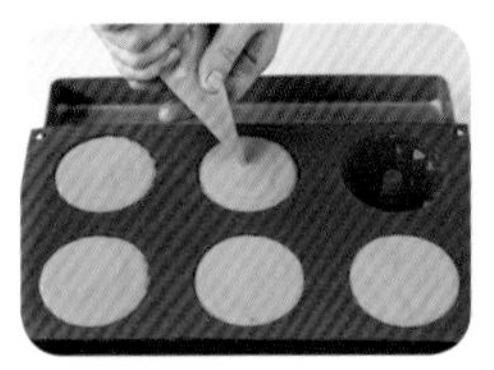

将步骤 6 的材料装入裱花袋，挤入模具中，冷冻一晚。

将抹茶慕斯蛋糕取出脱模，冷藏保存即可。

TIPS

1. 如果使用 6 寸圆形蛋糕模具，可以配蛋糕底或者饼干底。
2. 去掉配方里的抹茶粉，就是原味奶酪慕斯蛋糕了。

Part 6

冰爽搭档
法式果酱

百香果果酱

主料

百香果	250 g
冰糖	100 g
蜂蜜	50 g
柠檬汁	15 ml

TIPS

1. 将百香果混合物大火煮沸后要转小火慢煮，避免煮过头，否则果酱会变得硬邦邦的。
2. 煮好的百香果果酱可以与其他果酱混合，制作成百香果风味的混合果酱。

做法

1

百香果切开，将瓤挖出放入奶锅里，加入冰糖、柠檬汁混合，冷藏一晚。

将步骤 1 的奶锅从冰箱中取出，用大火将食材煮沸后转小火加热，煮至锅内液体浓稠（103℃），关火。

加入蜂蜜，搅拌均匀后将果酱倒入玻璃密封罐里，倒置放凉后放入冰箱中冷藏保存即可。

红色果酱

主料

草莓	100 g
樱桃	50 g
李子	100 g
冰糖	100 g
柠檬汁	30 ml
柠檬	1/2 个

TIPS

1. 如果想当天制作，将步骤 2 混合好的食材至少冷藏 4 小时后再熬煮。
2. 可以将李子的核放进去一起熬煮，这样熬煮出的果酱会有天然的红色。
3. 熬煮果酱时一定要不停地搅拌，以免煳底。

做法

1

樱桃、李子去核、切块，草莓切块，放入奶锅里，加入冰糖、柠檬汁混合。

2

用柠檬刮刀刮入柠檬皮屑，搅拌均匀，冷藏一晚。

3

将步骤 2 的奶锅从冰箱中取出，用大火将食材煮沸后转小火加热，撇去表面浮物和气泡。

4

煮至液体浓稠（103 ℃），关火。将果酱倒入玻璃密封罐里，倒置放凉后放入冰箱中冷藏保存即可。

蓝莓桑葚果酱

主料

蓝莓	125 g
桑葚	125 g
冰糖	100 g
青柠汁	30 ml
青柠	1/2 个

TIPS

1. 如果想当天制作，将食材至少冷藏 4 小时后再熬煮。
2. 蓝莓和桑葚都有天然的蓝紫色，蓝莓桑葚果酱用来制作慕斯蛋糕会非常好看。
3. 如果使用冷冻水果，先将其加入糖腌制至解冻，待糖溶化后再熬煮。

做法

1

蓝莓、桑葚清洗干净，沥干后放入奶锅里，加入冰糖、青柠汁，刮入青柠皮屑混合，搅拌均匀，冷藏一晚。

2

将步骤 1 的奶锅从冰箱中取出，将食材大火煮沸后转小火加热，撇去表面的浮物和气泡。

煮至浓稠（103 ℃），关火。将果酱倒入玻璃密封罐里，倒置放凉后放入冰箱中冷藏保存即可。

玫瑰荔枝果酱

主料

荔枝肉	125 g
冰糖	50 g
柠檬汁	15 ml
玫瑰水	1.25 ml

TIPS

1. 可以再添加 1 g 玫瑰花一起熬煮。
2. 如果没有玫瑰水，添加 2 g 玫瑰花一起熬煮亦可。

做法

荔枝肉放入奶锅里，加入冰糖、柠檬汁混合，搅拌均匀，冷藏一晚。

将步骤 1 的奶锅从冰箱中取出，将食材大火煮沸后转小火加热，撇去表面的浮物和气泡，煮至浓稠（103℃）。

加入玫瑰水，搅拌均匀，关火。将果酱倒入玻璃密封罐里，倒置放凉后放入冰箱中冷藏保存即可。

青苹果果酱

主料

青苹果	250 g
冰糖	80 g
青柠汁	30 ml
青柠	适量

TIPS

因为苹果切丁后水分会流失，所以添加30 ml清水一起腌制。

做法

1

青苹果切丁，放入奶锅中。用柠檬刮刀刮入青柠皮屑。

2

加入冰糖、30 ml清水、青柠汁混合，搅拌均匀，冷藏一晚。

3

将步骤2的奶锅从冰箱中取出，将食材大火煮沸后转小火加热，撇去表面的浮物和气泡。

4

煮至浓稠（103 ℃），关火。将果酱倒入玻璃密封罐里，倒置放凉后放入冰箱中冷藏保存即可。

茉莉水蜜桃果酱

主料

水蜜桃泥	200 g
冰糖	50 g
柠檬汁	25 ml
茉莉花	1.5 g

做法

1

全部主料放入奶锅里混合，搅拌均匀，冷藏一晚。

2

将步骤 1 的奶锅从冰箱中取出，将食材大火煮沸后转小火加热，煮至浓稠（103 ℃），关火。将果酱倒入玻璃密封罐里，倒置放凉后放入冰箱中冷藏保存即可。

果酱瓶消毒的方法

装果酱的瓶子最好选用玻璃密封罐，且一定要提前消毒好，这样果酱可以存放得更久。

方法一

将瓶身和瓶盖用清水洗干净后放入锅里，煮至沸腾，再继续煮 5 分钟消毒杀菌，最后夹起晾干。

方法二

将瓶身和瓶盖用清水洗干净后倒置放入烤箱里，以 100 ℃烘烤 10 分钟消毒杀菌。

（注意：消毒结束后，手一定不要碰到瓶口，以免污染瓶子。）